Excelによる
実験計画法

すぐに実務に活かせる智慧と工夫

松本哲夫［編著］

植田敦子・平野智也・山来寧志［著］

日科技連

まえがき

　実験計画法を知っているか否かで，工程改善や研究開発の速度には雲泥の差が生じる.「新幹線と駕籠ぐらいの差がある」との言葉もある. 継続的に改善や研究開発を進めていくうえで極めて有用な方法であるにもかかわらず，現場と手法とのインターフェースをとること，すなわち，固有技術的な問題に合わせて適切な実験計画法の手法を選択することが容易でなく，加えて複雑な計算をしなければ解析できないことが面倒というもあって，実験計画法を積極的に活用しようとする人が一部に限定されていた.

　実験計画法自体は方法論であるが，数理統計学にその基礎を置き，理論が難解であるという側面がある. 統計的方法の中でも，実験計画法と多変量解析法がその難しさにおいて双璧と感じている研究者，技術者が多いようである.

　R. A. Fisher に始まった実験計画法は，農作物の増収や品種改良，工業製品の品質や収量の向上，生産効率の改善や新製品の開発などに成果をあげてきた. 最近，実験計画法が脚光を浴びるケースは減ってきているようにも見えるが，解決すべき問題はむしろ増えている. 今後も，業種や専門分野を問わず，実験計画法が実用的な方法論として重要な役割を果たしていくであろうことは間違いない.

　実験結果の解析や解釈が大切である一方，所望の結果を得るための実験の計画がより重要である. 実験は，目的，すなわち，生じた問題を解決するために行い，消費者社会，企業組織，また，実験者自身に対して，現状よりもよい結果を期待する. その分野の専門家である実験者は実験結果を予測し得るが，思い込みが強すぎると，結果を客観的に評価できないおそれがある. 実験計画法は実験者に統計的な判断基準・客観的な判断材料を提供してくれる.

　企業における開発活動や改善活動に実験計画法を適用しようとする目的には，次のようなことが例示される.

　　① 品質特性をさらによくする条件（最適条件）の探索，決定

②　誤差の大きさの定量的な評価

③　品質に影響する可能性のある諸要因の中からの有意な因子の抽出

④　要因効果の検定とその大きさの推定

⑤　特性値の母平均の推定，将来的に得られる品質特性値の予測

⑥　製品の不良とその原因間の因果関係の定量的把握

⑦　経験的，あるいは，理論的に想定されるモデルの検証

　本書は，実験計画法の中でも直交表実験の実務への適用（計画と解析・解釈）の解説に主眼を置いている．第1章から第5章では実験の計画に重点を置いた説明をするが，理論には深く立ち入らず，直観的に実験計画法を修得できるように配慮した．計算は手持ちのパソコンソフト（Microsoft Excel：以下，単にExcel と呼ぶ）で簡単に実施できるよう，第6章・第7章では，そのための解析ソフトの使用方法と，計算結果（出力）の解釈の仕方について解説する．

　こういったねらいから，まず，第1章では実験計画法とその生い立ちを述べる．第2章では基礎となる統計的な考え方を示すとともに，第3章以降で展開する実験計画法のもとになる数理統計について最小限の説明をする．実験を計画し，得られたデータを解析する方法としては，第3章の検定と推定から始め，第4章の1元配置実験，2元配置実験などの要因配置実験，そして，その延長線上に第5章の直交表実験を理解できるようにした．

　第6章では，幅広い場面で使用できる実務にすぐに役立つ解析ソフト，すなわち，Excel にアドインされているデータ分析（分析ツール）を活用して，汎用的な手順で第2章〜第4章のデータ解析を定型的に行う方法を紹介し，例題を通してその利用法を解説した．第7章では，直交表実験の分散分析と母平均の推定を簡単に実施できる Excel ソフトを用意し，その利用法を解説する．本書の各章には以上のような関連性をもたせて構成してある．

　また，本書の特徴として，現場と手法とのインターフェースをとれるよう，「実務に活かせる智慧と工夫」を随所に盛り込み，実務に即した説明を加えた．併せて，直交計画についての若干の補遺と，欠測値に対する実務的な対処法について，巻末の付録に記載した．

　手法の使い方だけでなく，ある程度の理論面（数式）の習得を目指している読者は，松本哲夫ら著『実務に使える実験計画法』（日科技連出版社，2012年）などで学んでいただきたい．

　本書は，研究者，技術者をはじめとして，工程管理，品質管理，品質保証，マーケティングなど「ものづくり」に携わる実務家に，実際の現場で役立ててもらうことを目的として執筆した．基本的な手法を平易に記述しているので，初めて実験計画法を学ぼうとするときの入門書としても活用できる．また，一般財団法人日本科学技術連盟が主催する「2日でマスターする実験計画法セミナー」のテキストとしても使用できるようになっている．

　本書の内容については，上記の『実務に使える実験計画法』と，「2日でマスターする実験計画法セミナー」の前テキストである花田憲三著『実務にすぐ役立つ実践的実験計画法　super DOE 分析』（日科技連出版社，2004年）にルーツを置く．本書は4名の共著によるが，上記セミナーの講師の長年にわたる経験の蓄積が内容に結集されており，著者らを常にご指導ご鞭撻いただいた講師諸氏，一般財団法人日本科学技術連盟大阪事務所の前田兼利氏，陣出真氏，ならびに，日科技連出版社の鈴木兄宏氏，石田新氏に深く感謝する．

　2022年11月

編著者　松本哲夫

目　　次

[実務に活かせる智慧と工夫]

変量因子が関係する交互作用　6

実験計画の効率　8

区間推定について　9

繰返し実験と反復実験の得失　9

「信頼率95%の信頼区間」の意味　21

中心極限定理，大数の法則，正規分布　26

平方和，平均平方　27

自由度　28

最良線形不偏推定量（BLUE）　38

データに対応があるということ　52

同等であるといいたいとき　53

ランダマイズの重要性　60

等分散性の確認　64

プーリングの目安　74

プーリングについて　74

多元配置実験と直交表実験　81

グラフで見る交互作用の現れ方　82

プーリングの目的　83

線点図の利用　102

L_{16}直交表での多水準因子の割付け　110

擬水準法の適用について　116

誤差列が存在しないときの対処　117

L_{16}直交表としての割付け（参考）　121

★解析ソフト・補遺のダウンロード方法

　本書で使用している解析ソフト，ならびに，補遺は，日科技連出版社の Web サイト（https://www.juse-p.co.jp/）からダウンロードできます．ダウンロードしたファイルと本書を併用することで，Yates，逆 Yates の計算方法を用いた直交表の解析について理解が深まり，実務に応用しやすくなります．

　ID：juse-doe

　パスワード：Osaka_exp2022

★パソコンの環境

　本書では，Windows 版 Excel がインストールされているパソコンを対象としています．Excel のバージョンについて，現時点で，2013，2016，2019，2021，Microsoft 365 での動作を確認していますが，任意の環境で動作することを保証しているわけではありません．なお，Microsoft 365 については，バージョンによって，ドキュメントが「信頼済み」であることを要求されることがあります．

★免責事項

　著者，および，出版社のいずれも，Excel の解析ソフトを利用した際に生じた損害についての責任，ならびに，サポート義務を負うものではありません．

第1章
実験計画法とその生い立ち

実験計画法が開発された歴史的背景を述べ，現場と手法のインターフェイスをとるための基本を示す．

1.1 実験計画法(Design of Experiments)とは

1.1.1 歴史的背景と Fisher(フィッシャー)の抱いた疑問

実験計画法は，1925 年ごろ，英国の農場試験場の技師であった R. A. Fisher[1]が提唱したものである．彼は，薬剤散布によって農作物の収量に違いがあるか否かを調べる実験を行うに際し，土地には肥沃度，水はけ，日当たりなどに違いがあり，それを考慮しなくてはならないと考え，ある土地をブロックに小分けすることにした．このとき，次のような疑問を抱き，これが実験計画法提唱の起源になったといわれている[1],[2]．

①　処理(薬剤散布)を施した試験圃[2]と，処理を受けていない試験圃との間にどの程度の差があれば「差がある」と判断したらよいのだろうか．

②　実験の場(試験圃)を厳密にコントロールし，かつ，実験の場を小さく絞ることは，それ自体，比較の精度を高めることにはつながるが，実験の場に比べ実際に結果を適用する場(各地にある実際に農作物を栽培する農場)は広いのに，実験結果をそのまま実際の場に適用してよいのだろうか．

---

1)　Fisher は「実験計画法の父」と呼ばれている．
2)　圃(ほ)とは畑のこと．

1.1.2　誤差に対する仮定（連続的変数の場合）

実験は誤差を伴うが，連続的な変数の誤差には以下の4つの仮定を置く[3]．

① 独立性　　：ある実験は，その他の実験結果の影響を受けない．
② 不偏性　　：誤差は＋にも－にもなり得るが，期待する値は0である．
③ 等分散性：因子やその水準に依存せず，ばらつきの程度は一定である．
④ 正規性　　：誤差は正規分布に従う．

1.1.3　実験計画法の3つの基本原理

私たちが取り扱う実験の場で，前記した誤差の前提が自然に成り立っているとは限らない．そこで，Fisher は，実験計画法において次の3つの基本原理を唱えた．

① **局所管理の原理**（小分けの原理）

系統的な誤差は固有技術を用いてできるだけ取り除き，さらに，実験の場をブロック化して比較の精度や処理効果の検出力を高める．

② **無作為化の原理**（ランダマイズの原理）

取り除けない誤差を偶発誤差として評価できるよう，データの独立性を保証する．これによりデータの背後に確率分布を想定できる．

③ **繰返しの原理**（反復の原理）

誤差の大きさを誤差分散として定量的に評価できるよう実験を繰返し行い，普遍性，確からしさを高める．

1.1.4　実験計画法の定義

実験計画法を端的に定義するとすれば，「**実験に際し，層別可能なものは層別し，どうしても誤差となってしまうものは無作為化し，繰返し，反復を行うことによって誤差を定量的に評価するとともに実験の精度を高め，最小のコス**

3）　①～④の順に重要であるとされるが，とりわけ，①独立性の仮定は大切である．

ト で，**必要とする最低限度の情報を客観的に得る方法の体系**」であるといえる．

1.2 数理統計学との関連

実験計画法の活用において大切なことは，統計的な考え方や統計的手法を活用し，実験の目的に相応しい計画を立て，得られたデータを正しく解析・解釈することである．実務面では，固有技術をベースに実験を管理状態（安定状態）で実施すること，ならびに，統計的な判定結果などに固有技術的な解釈を加えて結論付けることが大切である．

統計的な考え方や統計的手法の基本は数理統計学（理論：学問）にあり，それをもとに実験計画法（実施法）の体系が組み立てられている．

忘れてはならないのは，**得られたデータには「ばらつき」が存在する**ということである．そして，統計的に管理されていれば，ばらつきには規則性が存在し，私たちはこの規則性をつかめばよい．しかし，つかもうとする全体，これを**母集団**（population）と呼ぶが，このすべての要素（**大標本**）を調べることは多くの場合不可能である．したがって，部分的な要素である得られたデータ（有限の観測されたサンプル：**小標本**）から母集団の姿を推測することが実際的な手段となる．

母集団の特性は，たいていの場合，2つの基準，すなわち，**平均値とばらつき**で記述することができる．これらを**母数**（パラメータ：parameter）といい，前者を**母平均**，後者を**母分散**と呼ぶ．母集団に関する情報である母平均や母分散を知ろうとするとき，私たちは母集団からデータを必要数サンプリングし，得たデータの平均値や分散から母平均や母分散を推測する．

1.3 特性値に影響する要因

収量など，目的とする特性値に影響する原因は無数にあり，そのすべてを**要因**と称する．一般にはすべての要因を実験で取り上げることはできない．また，できるとしても，時間やコストの面から現実的でない．そのため，いくつかの主要な要因を取り上げ，その影響の有無や程度を知ろうとする．この取り上げ

た要因を**因子**，あるいは，**実験因子**と呼ぶことがある．また，因子の影響を知るために取り上げるいくつかの条件をその因子の**水準**という．例えば，反応温度などを200℃，210℃，220℃というように3水準に変えて検討したり，また，触媒の種類などを2水準(2種類)取り上げたりする．

　この場合，上記の反応温度などのように，水準が連続量の上に何点か設定されており，中間の水準を選ぶ可能性も考えられるような因子を定量的因子(計量的因子)という．一方，触媒の種類のように水準が定性的な条件の違いで設定される因子を定性的因子(計数的因子)という．

　本書では，因子 A の第 i 水準を A_i，因子 B の第 j 水準を B_j，因子 A，B の水準数を a，b のように書いて実験条件を表す．複数の因子を取り上げる場合の実験条件は，A_iB_j といった各因子の水準の組合せで表現する．因子や各因子の水準組合せを**処理**(treatment)といい，例えば，他の因子 B の水準によって変化しない因子 A の処理効果のことを A の**主効果**などという．また，因子 A の主効果とは別に，他の因子 B の水準によって変化する効果を**2因子間交互作用効果**(interaction effect)という．

　実験因子以外の要因はできるだけ一定条件に保つとしても，他に気が付かない要因も数多く存在する．これらの要因の影響を一括して**誤差**(実験誤差)という．誤差には，①**偶然誤差**(確率的変動，ばらつき：精度の概念に対応)と，②**系統誤差**(偏り，バイアス：正確度の概念に対応)とがある．

　偶然誤差は特性値に確率変数的な性質を与える．特性値の分布を考えると誤差の大小は誤差分散の大小に関係し，実験精度を左右する．系統誤差は偏りのある治具，装置，あるいは，人など，また，時間的，空間的な実験順序による環境条件(温湿度など)の変化によってもたらされ，分布の平均値(中心位置)をシフトさせる作用をもつ．

1.3.1　実験因子と環境要因

[1]　実験因子
　実験因子としては，以下の3つがある．

① **制御因子**：最適水準を設定することを目的とする因子(反応温度や触
　　　　　　　媒など)，多くの実験に必ず1つは含まれ，各水準での平
　　　　　　　均値の大小を問題とする.

② **標示因子**：その因子の水準ごとに制御因子の最適水準を設定したり，
　　　　　　　制御因子の効果の違いを把握することを目的とする因子
　　　　　　　(製造ラインの系列，製品使用条件など).

③ **集団因子**：平均ではなく，ばらつきを知るために取り上げる因子(原
　　　　　　　料ロットや個人を指定できない作業員など).水準は母集
　　　　　　　団から無作為に選ぶ.

［2］　環境要因

　環境要因としては，実験の場を小分けする**ブロック因子**と**誤差**に分類できる.

1.3.2　因子の性質

　統計的に解析を進めるうえでは，1.3.1項の分類とは別に，次の性質を区分
する必要がある.

① **母数因子**：各水準の効果を未知母数(定数)と考える因子.各水準の母
　　　　　　　平均やその水準間での差を推定することに意味があり，水
　　　　　　　準平均値に再現性が要求される因子.制御因子や標示因子
　　　　　　　は通常，母数因子である.

② **変量因子**：各水準の効果を定数とは考えず，確率変数として扱うべき
　　　　　　　因子.水準での平均値に再現性はなく[4]，その偶発的なば
　　　　　　　らつきに関心をもつ因子.集団因子や環境要因がこれに属
　　　　　　　する.

---

4) 再現性がないので，実務上，水準を指定しても意味がない.

> **［実務に活かせる智慧と工夫］変量因子が関係する交互作用**
>
> 　変量因子は水準に再現性がないので，変量因子と変量因子，変量因子と母数因子の間の交互作用は，存在を否定するのではなく，誤差の一部とみなすのが自然である．第4章，第5章では，母数因子間の交互作用を取り扱う．

1.3.3　実験計画の立案に際して

以下のことが大切であるので留意されたい．

① 　実験目的にふさわしい特性値をどのように選定するか

② 　取り上げる実験因子とその水準をどのように選定するか

③ 　因子の水準として，どのような処理を構成するか

④ 　どのように実験の場を構成するか

⑤ 　どのようにデータの構造[5)]を設定するか

⑥ 　どのように処理を実験の場に割り付けるか

⑦ 　少数因子・多水準の場合は要因配置実験とする

⑧ 　多因子の場合は少数水準の直交表実験とする

1.4　計量値と計数値

　本書では，特性値として計量値を取り扱う．実務では不適合率(p)，不適合品数(x)などの計数値を取り扱う場合もあるので，計数値を計量値として解析する方法をいくつか紹介しておく．詳細は参考文献[3]~[7]を参照されたい．

① 　直接確率を計算する方法→pが生じる確率を直接計算する．

② 　正規分布近似→$U=(x-nP)/\sqrt{nP(1-P)}$と変換し，Uを正規変量として解析する（nは製品数：サンプル数，Pは検定比率）．

③ 　$(0, 1)$法→適合品に0，不適合品に1を対応させ，計量値として解析

---

5) 　特性値（データ）は，全体平均と処理効果と誤差の線形式で表されるとするデータの構造モデルのことで，第4章で詳しく述べる．

する.

④ ロジット変換を用いる方法→不適合率 $p(0<p<1)$ を，式 (1.1) により $y(-\infty<y<+\infty)$ に変換する．この変換をロジット変換という．変換した y を計量値として解析する．解析後，式 (1.1) を p について解いた式 (1.2) により逆変換し，y を計数値 p に戻す．

$$y=\ln\left(\frac{p}{1-p}\right) \tag{1.1}$$

$$p=\frac{\exp(y)}{1+\exp(y)} \tag{1.2}$$

⑤ 逆正弦変換法→$\rho=\sin^{-1}\sqrt{p}$ と変換し，ρ を計量値として解析する．④と同様，解析後，$p=\sin^2\rho$ で逆変換し，ρ を p に戻す．

1.5　p 値について

Fisher の著書[8]の記載から，Fisher の唱えた p 値[6]の本来の意味を考えてみよう．

8 杯の紅茶のうち，4 杯は英国式，残りの 4 杯は仏国式で淹れてある．ある英国の貴婦人は，「英国式の方が美味しいので，この 8 杯のカップを間違いなく，英国式の 4 杯と仏国式の 4 杯に分けられる」と豪語している．8 杯を 4 杯ずつに分ける場合の数は，$_8C_4=70$ 通りであり，偶然に正しく当てられる確率は 1/70 である．

この例で，もし，貴婦人が見事に英国式の 4 杯と仏国式の 4 杯に分けられたとしたら，そのことが偶然に起こる確率は 70 通りのうちのただ 1 つであるから，p 値は $1/70\approx0.0143\leqq0.05$ となり，偶然とは考えにくい．すなわち，貴婦人は判定能力があると結論づける．

各 4 杯のうち 3 杯は正しく，1 杯が誤りであったとする．その場合は 70 通りのうち 16 回起こり得るので，この場合の確率を 16/70 とするのはよくない．

---

6) p 値は，Fisher が初めて提唱したもので，ある仮説の下で，観測データ，または，それより極端なデータが偶然に出現した確率のことである．

各4杯のうち3杯は正しく，1杯が誤りである場合より極端な結果，すなわち，4杯とも正しい場合を足す必要がある．よって，p値は $17/70 \approx 0.2429 \geqq 0.05$ となり[7]，貴婦人は判定能力があるとはいえないと結論する．

1.6　補遺

［1］　直交実験について

本書では，以下の囲みの理由から主として直交実験を取り扱う．

［実務に活かせる智慧と工夫］実験計画の効率

①　非直交実験は直交実験に比べて効率が悪い（付録Aを参照）．効率のよい実験計画とは，「同じ実験数で比較したとき，推定量のばらつき（分散）を小さくできる」と考えるとわかりやすい．非直交実験の代表である単因子逐次実験は，交互作用が検出できないだけでなく，付録Aの表 A.2 にあるように効率の悪い実験であり，実験数が少なくて済むというのも誤った認識である．

②　非直交実験では，当該要因効果が他の要因に影響を受けることがある．

③　非直交実験で得たデータの解析は理論的に難解で，行列計算を必要とする．

④　実験の最適計画には，「D最適」，「A最適」などの考え方があるが，本書では説明を割愛する．

---

［2］　点推定と区間推定について

本書では，実務における意味，適用のしやすさ，利便性から，推定は点推定を中心に考える．区間推定にも触れているが，その部分は読み飛ばしてもよい．

7）　仮に，各4杯のうち3杯は正しい場合が1回で，4杯すべてが正しい場合が16回起こるとしたら，このときのp値を 1/70 とするのはおかしいことは明らかである．6.5 節の脚注1も参考にするとよい．

> ### ［実務に活かせる智慧と工夫］区間推定について
>
> 　点推定に比べると，区間推定は理論面が難しい．たとえ，理論面をクリアできたとしても，実際的な意味の解釈が困難なことから，本書では，点推定を主とし，区間推定は従としている．この意味から，本文中における区間推定(信頼限界)の部分に(参考)の注釈を付した．これと関連する**2.2.1項の[2]**を参照されたい.

［3］　繰返し実験と反復実験について

　繰返し実験と反復実験の違いを考えてみよう．詳細は，参考文献[4]の第6章を参照されたい.

> ### ［実務に活かせる智慧と工夫］繰返し実験と反復実験の得失
>
> 　例えば，因子 A(3水準)，因子 B(4水準)の2元配置実験で，同一条件組合せでのデータ数が各 $n=2$ の場合を考える．このときの実験のランダマイズ方法として2通りが考えられる．1つは，$3 \times 4 \times 2 = 24$ 回の実験すべてをランダマイズして実験するやり方で，これを**繰返し実験**と呼ぶ.もう1つは，まず，因子 A, B の $3 \times 4 = 12$ の水準組合せで各1回，計12回の実験一揃え(実験総数の半数)をランダマイズして実験したのち，残りの12回の実験をランダマイズして実験するやりかたで，これを**反復実験**と呼ぶ．実験計画法では，両者を厳密に区別している.
>
> 　繰返し実験に比べて，反復実験のほうが以下の点で実務的に有利であるといえる.
>
> ① 　反復実験では誤差から反復間変動を分離できる．反復間変動が小さくても損はないし，逆に大きければ，結果として誤差は小さくなり，要因効果の検出力が上がる．同時に，反復間変動の原因を追求することによって，有益な情報が得られる場合もある.
>
> ② 　$n=2$ のとき，実験の半数が終わった時点で，繰返しは1回だが

全条件でのデータが一通り揃うので，実験の見通しがよい．繰返し
実験では，実験の半数が終わっても一般にすべての条件が揃うとは
限らない．$n > 2$ のときも同様である．

第2章
基礎となる考え方

　データには，体重，化学品の収量，材料の引張強度などのように連続的な数値をとる**計量値(連続型)**と，不適合品の個数や病気の患者数のように離散的な値をとる**計数値(離散型)**がある．1.4節で述べたように，ここでは，前者について，第3章以降で必要となる統計的な考え方を述べる．

　第6章でExcelにより計算を行う方法を示すので，ここでは，基礎となる考え方のあらましを知っておけば十分である．

2.1　統計的な考え方と確率分布

2.1.1　母集団とサンプルの概念

　データを図示したり，要約した統計量で示すことにより，データの全体像を把握することができる．少数のデータに対してはそのすべてを直接グラフ表示すればよいが，データが多数の場合は，**度数表**(frequency table)を作成し，そ

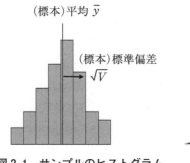

図2.1　サンプルのヒストグラム

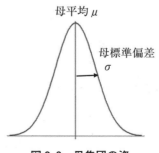

図2.2　母集団の姿

の度数表をグラフ表現した**ヒストグラム**(histogram)を用いるとよい.

　データが得られたとき,前掲の**図 2.1** に示すようなヒストグラムを作成して
データ全体の概略を知ることができるが,知りたいのは**図 2.2** に示す母集団の
姿のほうである.

2.1.2　確率変数

　実験や調査によって得た種々のデータは,もとになっている集団から**抽出**
(**サンプリング**)された**標本**(sample)である.対象とした構成要素(人やもの)
のすべての集まりを**母集団**(population)と呼ぶ.母集団の様子を探るためには,
母集団全体から標本を**無作為**(random)に抽出しなければならない.そして,
得られたデータから,母集団の分布を一つの**モデル**(確率分布)として記述する.
この確率分布は**母数**(一般には**母平均** μ と**母分散** σ^2)を含んだ**理論式**(確率密度
関数)によって表現でき,母集団のモデルとして,後述する正規分布などを想
定する.データから母集団のパラメータを探る方法を**統計的推測**(statistical
inference)という.

　母集団から無作為に抽出した標本(同一の確率分布に従う互いに独立な確率
変数) Y_1,Y_2,…,Y_n を**大きさ n の無作為標本**(random sample)と呼ぶ. n 個
のデータ y_1,y_2,…,y_n は,ある確率分布に従う確率変数 Y の**実現値**(観測値,
測定値)とみなせる.なお,平均平方(不偏分散) V,平方和 S などの一部を除
き,原則として確率変数を大文字,それに対応する実現値を小文字で表すこと
にする.

　無作為標本から構成される関数 $g(y_1,\ y_2,\ \cdots,\ y_n)$,例えば,式(2.1.1)の算
術平均などを**統計量**(statistics)という.

[1]　中心位置を示す指標

　①　平均値(mean): $\bar{y}$ (ワイバーと読む)

$$\bar{y} = \frac{y_1 + y_2 + \cdots + y_n}{n} = \frac{1}{n}\sum_{i=1}^{n} y_i \tag{2.1.1}$$

② 中央値(メディアン：median)[1]：$\tilde{y}$ (ワイチルダと読む)

n 個のデータを小さい順に並べたとき，

$$\tilde{y} = \begin{cases} n \text{が奇数のとき：中央に位置する値} \\ n \text{が偶数のとき：中央に位置する 2 つのデータの平均} \end{cases} \quad (2.1.2)$$

[2] ばらつきを示す指標

① 平方和(sum of squares)：S

$$S = \sum_{i=1}^{n} (y_i - \overline{y})^2 \quad (2.1.3)$$

② 平均平方(mean square)，ならびに不偏分散(unbiased variance)：V

$$V = \frac{S}{n-1} = \frac{\sum_{i=1}^{n} (y_i - \overline{y})^2}{n-1} \quad (2.1.4)$$

③ (標本)標準偏差(standard deviation)：$\sqrt{V}$

$$\sqrt{V} = \sqrt{\frac{S}{n-1}} \quad (2.1.5)$$

[例題 2.1]

表 2.1 のデータについて，平均値 $\overline{y}$，中央値 $\tilde{y}$，平均平方 V を求めよ．

[解答]

$$\overline{y} = \frac{97 + 100 + \cdots + 118 + 91}{9} = \frac{900}{9} = 100$$

表 2.1 データ(単位は省略)

y_i	97	100	131	110	69	95	89	118	91
$y_i - \overline{y}$	-3	0	31	10	-31	-5	-11	18	-9

---

1) 平均値より大きいか小さいかの確率が等しいことに特別の意味があるときに用いることがある．

$$\tilde{y} = 97$$

$$S = (-3)^2 + 0^2 + \cdots + 18^2 + (-9)^2 = 2582$$

$$V = \frac{S}{n-1} = \frac{2582}{9-1} = \frac{2582}{8} = 322.75 \quad (\cong 18.0^2)$$

大きさ n の無作為標本 Y_1, Y_2, $\cdots$, Y_n から計算した算術平均 $\overline{Y} = \frac{1}{n}\sum_{i=1}^{n} Y_i$ を **標本平均**, $\frac{1}{n}\sum_{i=1}^{n}(Y_i - \overline{Y})^2$ を **標本分散** と呼ぶ．標本分散（分母が n）は式 (2.1.4) の不偏分散（分母が $n-1$）と少し異なっていることに注意する．標本平均や標本分散も統計量である．

確率的な変動が伴う変数を **確率変数**(random variable)という．統計量も確率変数である．データに計量値（連続型）と計数値（離散型）があったように，それぞれに対応して，確率変数にも **連続型**確率変数と **離散型**確率変数があるが，以下では連続型について述べる．離散型については参考文献[3]，[4]を参照されたい．

［3］　期待値と分散

確率密度関数 $f(Y)$ に従う連続型確率変数 Y の実現値を y とするとき，Y の **期待値**(expectation)を $E[Y]$ と書き，式 (2.1.6) で定義する μ を **母平均** という．

$$\mu = E[Y] = \int_{-\infty}^{\infty} yf(y)dy \tag{2.1.6}$$

Y を確率変数，a, b を任意の定数とするとき，期待値について，

$$E[a + bY] = a + bE[Y] \tag{2.1.7}$$

が成り立つ．一方，確率変数 Y の **母分散** を $Var[Y]$ と書き，$Var[Y] = \sigma^2$ を，

$$Var[Y] = E[\{Y - E[Y]\}^2] = E[(Y - \mu)^2] \tag{2.1.8}$$

と定義する．$Var[Y]$ は単に $V[Y]$ と表すこともある．式 (2.1.8) は，

$$Var[Y] = E[(Y-\mu)^2] = E[Y^2 - 2\mu Y + \mu^2]$$
$$= E[Y^2] - 2\mu E[Y] + \mu^2 = E[Y^2] - \mu^2 = E[Y^2] - \{E[Y]\}^2 \tag{2.1.9}$$

と変形できる（Y の2乗の期待値から，Y の期待値の2乗を引くと覚えるとよ

い). また, 母分散の平方根 $\sigma=\sqrt{Var[Y]}$ を**母標準偏差**という. Y を確率変数, a, b を任意の定数とすると, 母分散について, 式(2.1.10)が成り立つ. 式 (2.1.7)と違って, 確率変数 Y にかかる係数(b)は $Var[\ \ ]$の外に出すと2乗 (b^2)となることに注意する.

$$Var[a+bY]=E[\{(a+bY)-E(a+bY)\}^2]=E[\{a+bY-a-bE[Y]\}^2]$$
$$=E[b^2\{Y-E[Y]\}^2]=b^2E[\{Y-E[Y]\}^2]=b^2Var[Y]$$

$$(2.1.10)$$

2.1.3 連続型確率分布

[1] 正規分布

連続型確率変数で最も重要な分布は, **正規分布**(normal independent distribution)である. 身の周りの現象はある種の偶然誤差のためにばらつくことが多い. 偶然誤差は, 正規分布に従う確率変数とみなして解析する. その確率密度関数は式(2.1.11)で表される. 後述する χ^2分布, t 分布, F 分布を含め, 確率密度関数の式を憶えておく必要はない.

$$f(y)=\frac{1}{\sqrt{2\pi}\,\sigma}e^{-\frac{(y-\mu)^2}{2\sigma^2}}$$

$$(2.1.11)$$

正規分布は, パラメータ μ と σ でその曲線の形が決まる. μ は分布の中心位置, σ^2はばらつきの程度を示し, μ が**母平均**, σ^2が**母分散**である. 正規分布は左右対称, 変曲点(曲線が下に凸から上に凸になる, または, その逆となる境界の点)は $\mu \pm \sigma$ である(**図2.3**参照).

確率変数 Y が母平均 μ, 母分散 σ^2の正規分布に従うことを, $Y \sim N(\mu, \sigma^2)$ と書く. Y の期待値と分散を改めて式(2.1.12)に示す.

$$E[Y]=\mu, \quad Var[Y]=\sigma^2$$

$$(2.1.12)$$

確率変数 Y が正規分布 $N(\mu, \sigma^2)$ に従うとき, $U=(Y-\mu)/\sigma$ とする変換を規準化(標準化), U を標準正規偏差, $N(0, 1^2)$を**標準正規分布(*u* 分布)**と呼ぶ. U は標準正規分布に従うので, このことを, 式(2.1.13)と書く.

$$U \sim N(0, 1^2)$$

$$(2.1.13)$$

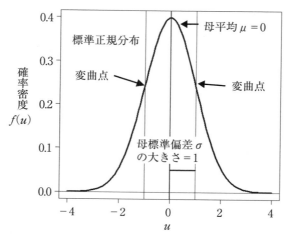

図2.3 標準正規分布

　付表1は，標準正規分布において，$u(P)(>0)$ を与えたときに $P=Pr\{U>u$ $(P)\}$ となる上側確率 P を求める数値表である．$Pr\{\ \ \}$は確率を表す．例えば，$u(P)=1.96$ とすれば，$u(P)$ の縦の 1.9 の行と，$u(P)$ の横の 6 の列が交わった 0.0250 が P の値である．$U(P)<0$ の場合も，正規分布の対称性を利用して**付表1**から求められる．この確率は，**第6章**の[例題6.1]で紹介する Excel の組込み関数で計算することもできる．後述する χ^2 分布，t 分布，F 分布の計算も同様である．

　上側確率 P を与えたとき $Pr\{U>u(P)\}=P$ となる $u(P)$ を求めるための数値表もあるが，本書では割愛する．なお，後述する t 分布と異なり，**正規分布表（u 分布表）は「片側」が基本**となっている．

　図2.3に，$\mu=0$，$\sigma=1$ の標準正規分布を示した．

［2］ カイ2乗（χ^2）分布

　標準正規分布 $N(0,\ 1^2)$ に従う母集団から，大きさ n の無作為標本 U_1，U_2，…，U_n が得られたとき，式(2.1.14)の分布を**自由度**(df：degree of freedom) n

のカイ **2 乗分布**(χ^2分布：chi-square distribution)と呼ぶ．式(2.1.14)のχ^2はn 個の自由に動かしうる(値を取りうる)確率変数の和であり，自由度とはその個数を示す．

$$\chi^2 = U_1^2 + U_2^2 + \cdots + U_n^2 \qquad (2.1.14)$$

自由度 n の χ^2分布の確率密度関数 $f(\chi^2)$ は，式(2.1.15)で与えられる．

$$f(\chi^2) = \begin{cases} \dfrac{1}{2^{n/2}\Gamma(n/2)}(\chi^2)^{(n-2)/2}e^{-\chi^2/2} & (\chi^2 > 0) \\ 0 & (\chi^2 \leq 0) \end{cases} \qquad (2.1.15)$$

ここで，$\Gamma(x) = \displaystyle\int_0^\infty w^{x-1}e^{-w}dw \ (x>0)$ はガンマ関数で，$\Gamma(x+1) = x\Gamma(x)$，$\Gamma(1/2) = \sqrt{\pi}$ である．

付表3は，自由度 ϕ と上側確率 P を与えたときに，$P = Pr\{\chi^2 \geq \chi^2(\phi, P)\}$ を満たす $\chi^2(\phi, P)$ を求めるための数値表である．この $\chi^2(\phi, P)$ を，自由度 ϕ の χ^2分布の上側 $100P\%$ 点という．**χ^2分布表も「片側」が基本となっている**．

正規分布 $N(\mu, \sigma^2)$ に従う母集団から大きさ n の無作為標本 Y_1, Y_2, $\cdots$, Y_n が得られたとき，式(2.1.16)は自由度 n の χ^2分布に従う[2]．

$$\chi^2 = \frac{1}{\sigma^2}\{(Y_1-\mu)^2 + (Y_2-\mu)^2 + \cdots + (Y_n-\mu)^2\} \qquad (2.1.16)$$

2 つの確率変数 χ_1^2, χ_2^2 が，それぞれ互いに独立に自由度 n_1, n_2 の χ^2分布に従うとき，式(2.1.17)の χ^2 は，自由度 $n_1 + n_2$ の χ^2分布となる．

$$\chi^2 = \chi_1^2 + \chi_2^2 \qquad (2.1.17)$$

これを **χ^2分布の加法性**という．

正規分布 $N(\mu, \sigma^2)$ に従う母集団から大きさ n の無作為標本 Y_1, Y_2, $\cdots$, Y_n が得られたとき，式(2.1.18)は自由度 $n-1$ の χ^2分布に従う．

$$\chi^2 = \frac{1}{\sigma^2}\{(Y_1-\overline{Y})^2 + (Y_2-\overline{Y})^2 + \cdots + (Y_n-\overline{Y})^2\} = \frac{S}{\sigma^2} \qquad (2.1.18)$$

---

2)　χ^2分布は σ^2 に関する分布であり，σ に関する分布ではないことに注意しよう．

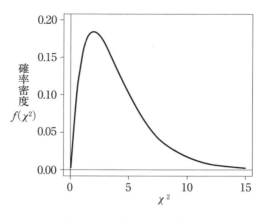

図2.4　自由度4のχ^2分布

　ここで，$S = \sum_{i=1}^{n}(Y_i - \overline{Y})^2$ である．式(2.1.16)の自由度が n であるのに対し，
式(2.1.18)の自由度は $n-1$ になっている．式(2.1.18)では μ の代わりに $\overline{Y}$
を用いたため，右辺の各項 $Y_1 - \overline{Y}$，$Y_2 - \overline{Y}$，$\cdots$，$Y_n - \overline{Y}$ の間に，$(Y_1 - \overline{Y})+$
$(Y_2 - \overline{Y}) + \cdots + (Y_n - \overline{Y}) = 0$ という制約条件が1つ発生し，n 個の項のうち自
由(独立)に動きうるものは1つ減って $n-1$ 個となることによる．図2.4に自
由度4のχ^2分布を例示する．

2.2　正規母集団に関する推測

　母集団からの無作為標本として得られたデータを利用し，母集団のパラメー
タについて，統計的推測を行う．統計的推測には，**推定**(estimation)と**検定**
(test)の2つがある．推定とは，母平均や母分散などの値を探ることである．
検定とは，あるパラメータについて，**帰無仮説**と**対立仮説**を設定し，データに
より対立仮説の採択が妥当か否かを判定する方法である．計量値データは，通
常，正規分布を前提として解析されるので，その準備となる事柄について説明
する．具体的な手順は第3章～第5章で述べる．

2.2.1 統計的推測の準備

[1] 点推定

ある確率分布に従う確率変数 Y から，無作為標本 Y_1, Y_2, …, Y_n が得られたとき，$\overline{Y}=\frac{1}{n}\sum_{i=1}^{n}Y_i$ を標本平均，確率変数 Y の**期待値** $\mu=E[Y]$ を母平均と呼んだ．

未知パラメータを一般に θ と書くと，その推定量である $\hat{\theta}$（「シータハット」と読む）の期待値が推定したい θ に一致するとき，すなわち，

$$E[\hat{\theta}]=\theta \tag{2.2.1}$$

なら，$\hat{\theta}$ を θ の**不偏推定量**（偏りのない推定量：unbiased estimator）という．

母平均 μ，母分散 σ^2 の正規母集団から大きさ n の無作為標本 Y_1, Y_2, …, Y_n が得られたとき，$\overline{Y}=\frac{1}{n}\sum_{i=1}^{n}Y_i$ は母平均 μ の不偏推定量，$V=\frac{1}{n-1}\sum_{i=1}^{n}(Y_i-\overline{Y})^2$ は母分散 σ^2 の不偏推定量となる．

なぜなら，$E[\overline{Y}]=E\left[\frac{1}{n}\sum_{i=1}^{n}Y_i\right]=\frac{1}{n}\sum_{i=1}^{n}E[Y_i]=\frac{1}{n}\sum_{i=1}^{n}\mu=\mu$ であり，また，Y_1, Y_2, …, Y_n は互いに独立なので，$E[Y_iY_{i'}]=0$ $(i\neq i')$ であることを考慮して，

$$E[V]=E\left[\sum_{i=1}^{n}(Y_i-\overline{Y})^2/(n-1)\right]=\sum_{i=1}^{n}E[(Y_i-\overline{Y})^2]/(n-1)$$

$$=\sum_{i=1}^{n}E[Y_i^2-2\overline{Y}Y_i+\overline{Y}^2]/(n-1)$$

$$=\sum_{i=1}^{n}E[Y_i^2-2Y_i(Y_i+\sum_{i'\neq i}Y_{i'})/n+\overline{Y}^2]/(n-1)$$

$$=\sum_{i=1}^{n}\{E[Y_i^2]-2E[Y_i^2]/n+E[\overline{Y}^2]\}/(n-1)$$

$$=n\left[\left(1-\frac{2}{n}\right)\sigma^2+\left(\frac{1}{n}\right)\sigma^2\right]/(n-1)=\frac{(n-2)+1}{n-1}\sigma^2=\sigma^2$$

である．ゆえに，平均平方 V は**不偏分散**となっており，式(2.2.2)を得る．前述の標本分散は不偏推定量ではない．

$$E[V]=\sigma^2 \tag{2.2.2}$$

母平均 μ，母分散 σ^2 の正規母集団から大きさ n の無作為標本 Y_1, Y_2, …, Y_n が得られたとき，$\overline{Y}$ の分布は式(2.2.3)で与えられる．

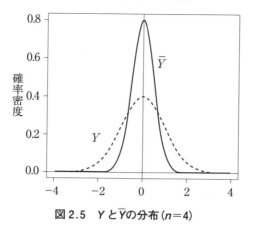

図2.5　Y と Ȳ の分布 (n=4)

$$\overline{Y} \sim N\left(\mu,\ \frac{\sigma^2}{n}\right) \tag{2.2.3}$$

標準正規分布 $N(\mu, \sigma^2)$ に従う Y とその平均 $\overline{Y}$ の分布 $(\mu=0, \sigma^2=1, n=4)$ を図2.5 に例示する.

[2]　区間推定(参考)

大きさ n の無作為標本 $Y_1, Y_2, \cdots, Y_n$ から, $Pr\{\hat{\theta}_L(Y_1, Y_2, \cdots, Y_n) \leqq \theta \leqq \hat{\theta}_U(Y_1, Y_2, \cdots, Y_n)\}=1-\alpha$ を満たす2つの統計量 $\hat{\theta}_L(Y_1, Y_2, \cdots, Y_n)$, $\hat{\theta}_U(Y_1, Y_2, \cdots, Y_n)$ を構成する. このとき, $\hat{\theta}_L(Y_1, Y_2, \cdots, Y_n)$, および, $\hat{\theta}_U(Y_1, Y_2, \cdots, Y_n)$ を 100(1-α) %の**信頼限界**(confidence limit) と呼ぶ.

また, 区間 $[\hat{\theta}_L(Y_1, Y_2, \cdots, Y_n),\ \hat{\theta}_U(Y_1, Y_2, \cdots, Y_n)]$ をパラメータ θ の 100(1-α) %**信頼区間**(confidence interval) と呼び, 100(1-α) %を**信頼率**という.

> ## ［実務に活かせる智慧と工夫］「信頼率 95% の信頼区間」の意味
>
> 「信頼率 95% の信頼区間」の意味を，「μ がこの信頼区間に入る確率が 95%」と誤解しないようにしよう．μ は母数であり，真の値はわからないが定数であって，確率変数ではない．μ はどこにあるかわからないので，変数であるかのように思ってしまいそうだが，データをとるたびに変化するのは点推定値や信頼区間のほうである．したがって，信頼率 95% の意味は以下のようにとらえる．すなわち，「ある一揃えのデータを仮に 100 セットとったとして，それぞれを個々に解析すると，信頼区間が 100 個得られる．この 100 個の信頼区間のうち，95 個が μ を含んでいる」が正しい解釈である．よって，実務では点推定をよく用いる一方，区間推定の実務へ適用には注意が必要となる[9]．

［3］　母平均の区間推定（母分散が既知）（参考）

正規分布 $N(\mu,\ \sigma^2)$ に従う母集団から，大きさ n の無作為標本 $Y_1,\ Y_2,\ \cdots,\ Y_n$ が得られたとする．式 (2.2.3) より，σ^2 が既知なら，$\overline{Y} \sim N\left(\mu,\ \dfrac{\sigma^2}{n}\right)$ であることから，$\overline{Y}$ を規準化した式 (2.2.4) の U は標準正規分布に従う．よって，式 (2.2.5) が成り立つ．

$$U = (\overline{Y} - \mu)/\left(\frac{\sigma}{\sqrt{n}}\right) \sim N(0,\ 1^2) \tag{2.2.4}$$

$$Pr\left\{-u(\alpha/2) \leq (\overline{Y} - \mu)/\left(\frac{\sigma}{\sqrt{n}}\right) \leq u(\alpha/2)\right\} = 1 - \alpha \tag{2.2.5}$$

式 (2.2.5) を変形すると，式 (2.2.6) の μ の $100(1-\alpha)$% 信頼区間を得る．

$$\left[\overline{Y} - u(\alpha/2)\frac{\sigma}{\sqrt{n}},\quad \overline{Y} + u(\alpha/2)\frac{\sigma}{\sqrt{n}}\right] \tag{2.2.6}$$

［4］　t 分布

σ^2 が未知ならば，式 (2.2.5) において，σ^2 の代わりにその不偏推定量 $\widehat{\sigma^2}$，す

なわち，V を用いることにすると，$T=(\overline{Y}-\mu)/\sqrt{\dfrac{V}{n}}$ は自由度 ϕ の **t 分布**と呼ばれる式 (2.2.7) の分布に従う．t 分布は u 分布に似ているが，分布の両側の裾野が u 分布より広がっている（**図 2.6** 参照）．

$$f(t)=\frac{1}{\sqrt{\phi}\,\Gamma\left(\frac{1}{2}\phi\right)\Gamma\left(\frac{1}{2}\right)\left(1+\frac{t^2}{\phi}\right)^{\frac{1}{2}(\phi+1)}}\Gamma\left(\frac{1}{2}(\phi+1)\right) \qquad (2.2.7)$$

自由度 $\phi=n-1$ は，V を求めたときのデータ数 n により決まる．ϕ が大きくなるにつれて，すなわち，自由度 ϕ が大きくなるにつれて，t 分布は u 分布に近づき，$\phi=\infty$ での t 分布は u 分布に一致する．**付表 2** は，自由度 ϕ と両側確率 P を与えたとき，$t(\phi, P)$ を求めるための数値表である．式で書けば，

$$P=Pr\{|T|\geqq t(\phi, P)\}=1-Pr\{-t(\phi, P)\leqq T\leqq t(\phi, P)\} \qquad (2.2.8)$$

を満たす $t(\phi, P)$ を求める．この $t(\phi, P)$ を自由度 ϕ の t 分布の両側 $100P\%$ 点という．u 分布と異なり，**t 分布表は「両側」が基本**となっていることに注意しよう．図 2.6 の太線で示した自由度が 5（サンプル数で 6）の t 分布 $t(5)$ は，u

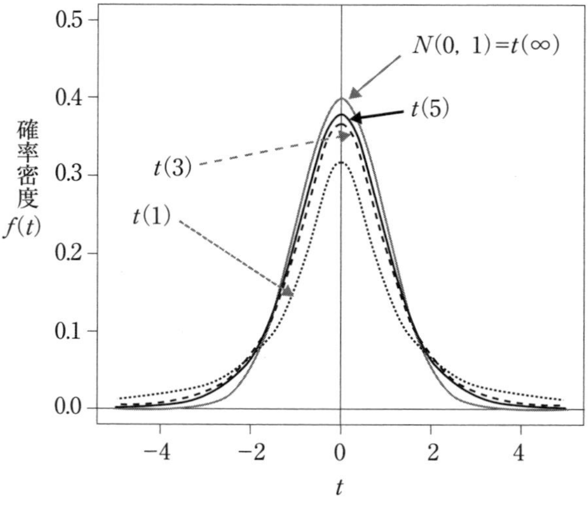

図 2.6 **t 分布**

分布にかなり近づいている.

改めて書くと, 正規分布 $N(\mu, \sigma^2)$ に従う母集団から, 大きさ n の無作為標本 $Y_1, Y_2, \cdots, Y_n$ が得られたとき, 式(2.2.9)の T は, 自由度 $n-1$ の t 分布に従う.

$$T=(\overline{Y}-\mu)/\sqrt{\frac{V}{n}} \tag{2.2.9}$$

ここで, $\overline{Y}=\dfrac{1}{n}\displaystyle\sum_{i=1}^{n} Y_i,\ S=\displaystyle\sum_{i=1}^{n}(Y_i-\overline{Y})^2,\ V=\dfrac{S}{n-1}$ である.

[5]　母平均の区間推定(母分散が未知)(参考)

式(2.2.9)の T が自由度 $n-1$ の t 分布に従うとき, 式(2.2.10)が成り立ち, 式(2.2.11)の μ の $100(1-\alpha)$% 信頼区間を得る.

$$Pr\left\{\overline{Y}-t(n-1,\ \alpha)\sqrt{\frac{V}{n}} \leqq \mu \leqq \overline{Y}+t(n-1,\ \alpha)\sqrt{\frac{V}{n}}\right\} = 1-\alpha \tag{2.2.10}$$

$$\left[\overline{Y}-t(n-1,\ \alpha)\sqrt{\frac{V}{n}},\ \ \overline{Y}+t(n-1,\ \alpha)\sqrt{\frac{V}{n}}\right] \tag{2.2.11}$$

[6]　母分散の推定

①　点推定

正規分布 $N(\mu, \sigma^2)$ に従う母集団から, 大きさ n の無作為標本 $Y_1, Y_2, \cdots, Y_n$ が得られたとき, 母分散 σ^2 の点推定量は不偏分散 V を用い, 式(2.2.12)で与えられる.

$$\widehat{\sigma^2}=V=\frac{S}{n-1}=\frac{1}{n-1}\sum_{i=1}^{n}(Y_i-\overline{Y})^2 \tag{2.2.12}$$

②　区間推定(参考)

σ^2 の信頼区間を求めるには, S/σ^2 の分布が必要になる. 式(2.1.18)より, S/σ^2 は自由度 $n-1$ の χ^2 分布に従うことを利用すると, 式(2.2.13)が成り立ち, σ^2 の $100(1-\alpha)$% 信頼区間である式(2.2.14)を得る.

$$Pr\left\{\chi^2\left(n-1,\ 1-\frac{\alpha}{2}\right)<\frac{S}{\sigma^2}<\chi^2\left(n-1,\ \frac{\alpha}{2}\right)\right\}=1-\alpha \qquad (2.2.13)$$

$$\left[S/\chi^2\left(n-1,\ \frac{\alpha}{2}\right),\ \ S/\chi^2\left(n-1,\ 1-\frac{\alpha}{2}\right)\right] \qquad (2.2.14)$$

2.3　2 つの母分散の比の分布

[1]　F 分布

　互いに独立な確率変数 $\chi_1{}^2$ と $\chi_2{}^2$ について，それぞれ，$\chi_1{}^2$ が自由度 ϕ_1 の χ^2 分布，$\chi_2{}^2$ が自由度 ϕ_2 の χ^2 分布に従うとき，式 (2.3.1) の F は，式 (2.3.2) の確率密度関数 $f(F)$ で与えられる自由度 $(\phi_1,\ \phi_2)$ の **F 分布** と呼ばれる分布に従う．

$$F=\frac{\chi_1^2/\phi_1}{\chi_2^2/\phi_2} \qquad (2.3.1)$$

$$f(F)=\frac{\phi_1^{\frac{\phi_1}{2}}\phi_2^{\frac{\phi_2}{2}}}{B\left(\dfrac{\phi_1}{2},\ \dfrac{\phi_2}{2}\right)}\frac{F^{\frac{\phi_1}{2}-1}}{(\phi_1 F+\phi_2)^{\frac{\phi_1+\phi_2}{2}}} \qquad (2.3.2)$$

　ここで，$B(m,\ n)=\displaystyle\int_0^1 x^{m-1}(1-x)^{n-1}dx$ はベータ関数で，$m>0,\ n>0$ である．

　正規分布 $N(\mu_1,\ \sigma_1{}^2)$ に従う母集団（第 1 母集団）から抽出した大きさ n_1 の無作為標本を $Y_{11},\ Y_{12},\ \cdots,\ Y_{1n_1}$ とし，正規分布 $N(\mu_2,\ \sigma_2{}^2)$ に従う母集団（第 2 母集団）から抽出した大きさ n_2 の無作為標本を $Y_{21},\ Y_{22},\ \cdots,\ Y_{2n_2}$ とする．

$$\overline{Y_1}=\frac{1}{n_1}\sum_{i=1}^{n_1}Y_{1i},\ \ \overline{Y_2}=\frac{1}{n_2}\sum_{i=1}^{n_2}Y_{2i},$$

$$S_1=\sum_{i=1}^{n_1}(Y_{1i}-\overline{Y_1})^2,\ \ S_2=\sum_{i=1}^{n_2}(Y_{2i}-\overline{Y_2})^2,$$

$$V_1=\frac{S_1}{n_1-1},\ \ V_2=\frac{S_2}{n_2-1}$$

とおき，式 (2.1.18) を参照すると，式 (2.3.3) は，自由度 $(n_1-1,\ n_2-1)$ の F 分布に従う．

$$F = \frac{\left(\dfrac{S_1}{\sigma_1^2}/(n_1-1)\right)}{\left(\dfrac{S_2}{\sigma_2^2}/(n_2-1)\right)} = \frac{V_1/\sigma_1^2}{V_2/\sigma_2^2} \tag{2.3.3}$$

[2]　F分布の上側確率と下側確率

付表4は，自由度(ϕ_1, ϕ_2)と上側確率Pを与えたとき，$F(\phi_1, \phi_2 ; P)$を求めるための数値表である．式で書けば，$P = Pr\{F \geqq F(\phi_1, \phi_2 ; P)\}$を満たす$F(\phi_1, \phi_2 ; P)$を求めるということになる．この$F(\phi_1, \phi_2 ; P)$を自由度$(\phi_1, \phi_2)$の$F$分布の上側$100P\%$点と呼ぶ．

F分布表は上側確率で与えられており，上側確率がPとなるFの値は$F(\phi_1, \phi_2 ; P)$となるが，下側確率の表は用意されていない．しかし，Fの逆数をとると，$\dfrac{1}{F} = \dfrac{V_2/\sigma_2^2}{V_1/\sigma_1^2} \sim F(\phi_2, \phi_1)$となり，自由度が入れ替わった$F$分布になることを利用する．すなわち，自由度$(\phi_1, \phi_2)$の$F$分布の上側$100P\%$点$F(\phi_1, \phi_2 ; P)$について式(2.3.4)が成り立つ．よって，$P$の値が大きい場合，式(2.3.3)の関係を用いて，付表4から自由度(ϕ_1, ϕ_2)のF分布の上側$100P\%$点を求めればよい．

$$F(\phi_1, \phi_2 ; 1-P) = \frac{1}{F(\phi_2, \phi_1 ; P)} \tag{2.3.4}$$

式(2.3.4)は次のようにして導かれる．すなわち，$F(\phi_1, \phi_2 ; 1-P)$よりも下側の確率は式(2.3.5)となる．一方，$1/F$は式(2.3.6)であり，これと式(2.3.5)から式(2.3.4)が示される．

$$P = Pr\{F \leqq F(\phi_1, \phi_2 ; 1-P)\} = Pr\left\{\frac{1}{F} \geqq \frac{1}{F(\phi_1, \phi_2 ; 1-P)}\right\} \tag{2.3.5}$$

$$P = Pr\left\{\frac{1}{F} \geqq F(\phi_2, \phi_1 ; P)\right\} \tag{2.3.6}$$

F分布表も「片側」が基本となっている．

図2.7に，$\phi_1 = 5$，$\phi_2 = 10$のF分布を例示する．

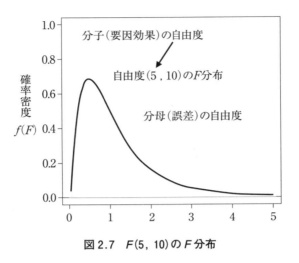

図2.7　*F*(5, 10)の*F*分布

2.4　補遺

以下を知っておくと，安心して第3章〜第5章の手法を実務に適用できる.

［実務に活かせる智慧と工夫］中心極限定理，大数の法則，正規分布

①　中心極限定理

母平均がμ，母分散がσ^2である任意の確率分布から得られたn個のデータの平均値はnが大きくなるにつれて正規分布$N(\mu, \sigma^2)$に近づいていく. 私たちはたいていの場合，1個1個のデータではなく平均値を考えるので，任意の分布に対して正規分布近似が可能となるという考え方は重宝する.

②　大数の法則

母平均がμ，母分散がσ^2である任意の確率分布から得られたn個のデータの平均値のばらつきは，nが大きくなるにつれて0に近づいていく. 平均値を求めるのに用いたデータ数が多いほど，その平均値の分散は小さいということである. 当たり前だが，大切な法則である.

③ 正規分布の導出

　誤差が，一定数 n の根元誤差からなるとし，根元誤差はすべて一定の絶対値 e をもち，かつ，n は十分大きく，e は十分小さいとする．n 個の根元誤差のうち，r 個は $+e$，$n-r$ 個は $-e$ の値とし，ne^2 を一定値 σ^2 に保ったまま，$n \to \infty$ とすれば正規分布が導ける．

［実務に活かせる智慧と工夫］平方和，平均平方

①　式(2.1.3)で，y_i から $\overline{y}$ を引いているのはなぜか．その理由は，本当は $\overline{y}$ でなく，μ を使いたいが，わからないから，μ の推定値である $\overline{y}$ で代用している．データから $\overline{y}$ を 1 つ推定したので，自由度は 1 減少する．

②　式(2.1.3)では，2 乗和(平方和)となっている．1 乗和，絶対値となっていないのはなぜか．その理由は，平均値を引いているので，1 乗和は $\sum\limits_{i=1}^{n}(y_i - \overline{y}) = 0$ となってしまう(奇数乗も同様)．絶対値の関数は，場合分けが必要なこと，微分不可能になる点があるなど，数学的な取り扱いが厄介である(図2.8 参照)．偶数乗は使用可能だが，わざわざ複雑にする必要はなく，2 乗和が一番簡単である．

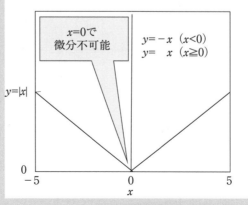

図2.8　絶対値の関数

③　式(2.1.4)で，平均平方(不偏分散)を計算する必然性は何か．その
　理由は，データ数に依存する平方和でなく，平方和を平均した平均平
　方が必要になるからである．

［実務に活かせる智慧と工夫］自由度

①　式(2.1.4)で，分母は自由度 $n-1$ となっており，n でないのはなぜ
　か．その理由は，例えば，**第4章での分散分析の各平方和は，制約条**
　件をもっているので，単にデータ数や水準数で割ってもうまくいかな
　い．ある特定の数で割ることで「適切に」平均化できる．平方和を適
　切に平均化するのが自由度であると考えるとよい．

②　**第4章で，因子 A の水準数を a としたとき，その自由度は a から**
　1を引いて $a-1$ とする．水準数を $a=2$ としたとき，図2.9 でその意
　味を示す．

　総平均は，A_1，A_2 の各水準平均の真ん中にあると暗黙のうちに了解し
ている．図2.9を参照すると，2水準では，α 1つしか決められない．す
なわち，$\alpha_1+\alpha_2=0 \rightarrow \alpha=\alpha_1=-\alpha_2$，よって，自由度は1である．

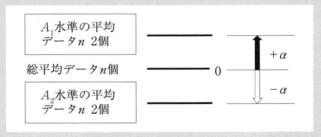

図2.9　自由度の説明

［各分布間の関係］

実務で用いる重要な分布は，①正規分布，②χ^2分布，③ t 分布，④ F 分布の4つである．これら各分布間の関係を**図 2.10** にまとめておく．

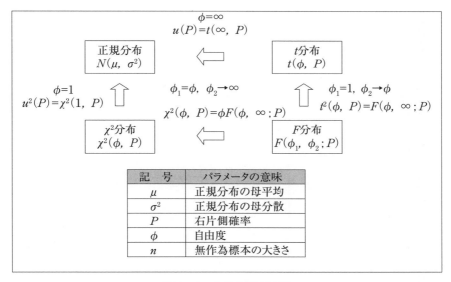

$$\phi=\infty$$
$$u(P)=t(\infty,\ P)$$

正規分布
$N(\mu,\ \sigma^2)$

t分布
$t(\phi,\ P)$

$\phi=1$
$u^2(P)=\chi^2(1,\ P)$

$\phi_1=\phi,\ \phi_2\rightarrow\infty$

$\phi_1=1,\ \phi_2\rightarrow\phi$

$\chi^2(\phi,\ P)=\phi F(\phi,\ \infty\,; P)$

$t^2(\phi,\ P)=F(\phi,\ \infty\,; P)$

χ^2分布
$\chi^2(\phi,\ P)$

F分布
$F(\phi_1,\ \phi_2\,; P)$

記　号	パラメータの意味
μ	正規分布の母平均
σ^2	正規分布の母分散
P	右片側確率
ϕ	自由度
n	無作為標本の大きさ

図 2.10　各分布間の関係

第 3 章
検定と推定

ある処理を施したとき，その処理をしないときと比べて結果が変化したか否か，また，どの程度変化したかを知りたい．そのようなときに統計的推測である検定と推定を行う．

第 6 章で Excel により計算する方法を示すので，本章では検定と推定のあらましを学んでほしい．理論の細部は，実務への適用と並行して理解を深めていけばよい．

3.1　統計的推測とは

「工程改善後に特性値が改善されたか，あるいは，特性値のばらつきが小さくなったか」を知りたいというような状況を考える．

しかし，実験で得られた一つひとつのデータについて，基準となる値と比較して結論を出すわけではない．対象としている母集団が基準（目標）を満たしているかどうかを問題とする．このような状況に際して，客観的な結論を統計的に導き出す手法が統計的推測である．

3.2　1 つの母集団に関する推測

1 つの正規母集団から得たサンプルに対する統計的推測（検定と推定）について，基本的な方法を示す．

3.2.1　母平均の検定（母分散が既知）

[例題 3.1]

従来から，合成工程では A 社の原料を使用していた．工程は安定しており，

特性値の母平均は 105（単位省略，望大特性：大きいほうがよい）であった．特性値を向上させるために B 社の原料への切り替えを検討した結果，表 **3.1** に示すデータが得られた．

　この例で知りたいのは，B 社の原料を用いたときに，A 社の原料を用いたときと比べて分布が変化したか否かであり，この状況に対して，統計的推測のうち**検定**を用いて結論を出す．一方，B 社の原料を使ったときの特性値がどの程度変化したのかが大切なときも多い．このような状況では，**推定**を用いて結論を出す．ここでは検定，および，推定の方法について説明する．

　統計的な検定は仮説検定と呼ばれるとおり，仮説を立てて検定する．このケースでは 105 を基準として仮説を立てることが考えられる．通常は「B 社の原料を用いたときの特性値が 105 より大きければ採用する」という立場をとるが，「B 社の原料を用いたときの特性値が 105 より小さくなければ採用する」という立場をとれないこともない．また，「B 社の原料は安価であるが 103 を下回ると次工程で不具合が生じる」といった場合は，基準を 103 に代える場合も出てくるであろう．

　このように，検定を行うとき，置かれている状況によって仮説の立て方はいくつか考えられるが，ここでは，表 3.1 のデータを用いて，検定の基本的な考え方を具体的に示す．

　個々のデータは，母平均 $\mu = 105$，母分散は $\sigma^2 = 2.5^2$ の正規分布に従うと仮定する．つまり，それぞれの値は $N(105, 2.5^2)$ の正規分布に従う確率変数の実現値と考える．

　12 個のデータセット（$n = 12$）から求まる平均値 $\bar{y}$ は $N(105, 2.5^2/12)$ に従い，

表 3.1　B 社の原料を用いたときの特性値（単位：省略）

y_i	110	108	104	105	111	109	105	107	109	106	112	110
$y_i - \bar{y}$	2	0	−4	−3	3	1	−3	−1	1	−2	4	2

$$\bar{y} = \frac{110 + 108 + \cdots + 112 + 110}{12} = 108.0$$

$\bar{y}$ を規準化した $u=(\bar{y}-\mu)/\left(\dfrac{\sigma}{\sqrt{n}}\right)$ は $N(0, 1^2)$ の標準正規分布に従う．$\bar{y}=108.0$，$\mu=105$，$\sigma=2.5$，$n=12$ を代入すると，$u_0=(108.0-105)/\left(\dfrac{2.5}{\sqrt{12}}\right)=4.157$ となる．

$N(0, 1^2)$ の正規分布では，u が -1.9600 以下か 1.9600 以上となる確率が 5％，すなわち，$Pr\{|u|\geqq1.9600\}=Pr\{u\leqq-1.9600\}+Pr\{u\geqq1.9600\}=0.05$ である．よって，$u_0=4.157$ は 0.05 以下の確率でしか起こらない．つまり，y が $N(105, 2.5^2)$ に従うと仮定したとき，12 個のデータを得て，その平均値が $\bar{y}=108.0$ となるのは **5％以下の確率でしか起こらない稀なことである**．

　ここで，**稀なことが起きたと考えるのではなく，母平均を $\mu=105$ とした仮定が正しくなかったと考え**，工程変更後（B 社の原料に切り替えた後）の母平均は $\mu=105$ ではないと結論づけるのが検定の考え方である．この一連の流れを，手順を追って説明する．

[**手順 1**]　仮説の設定

　「母平均 μ は 105 である」という仮説を立てる．この仮説のことを**帰無仮説**（null hypothesis）といい，記号 H_0 で表す．105 に対応する値を μ_0 で表し，帰無仮説 $H_0:\mu=\mu_0$ と書く．これに対して，実験の目的（実験で確認したいこと）に対応させて「母平均 μ は 105 ではない」という仮説を立てる．これを**対立仮説**（alternative hypothesis）といい，記号 H_1 で表す．対立仮説は $H_1:\mu\neq\mu_0$ となる（**両側検定**という）．対立仮説は確認したい事柄に応じて，上記「母平均 μ は 105 ではない」という仮説の他に，「母平均 μ は 105 より大きい」と「母平均 μ は 105 より小さい」に対応させた $H_1:\mu>\mu_0$ と $H_1:\mu<\mu_0$ の 2 つがある（いずれも**片側検定**という）．

　この 3 つのうち，原則としては両側検定を用い，片側検定を用いるのは，もう一方の側が理論的に起こらない場合や，もう一方の側のことを検出し損ねても損失のない場合に限られる．

[**手順 2**]　有意水準と棄却域の設定

　どの程度の稀な現象が起きたときに帰無仮説ではない（対立仮説である）と判断するのか，その確率をあらかじめ定めておく必要がある．この確率のことを

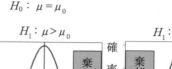

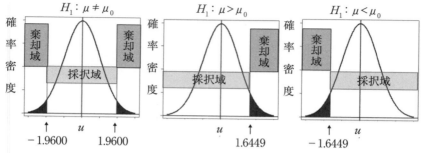

図 3.1　棄却域と採択域（α＝0.05）

表 3.2　検定統計量と棄却域（α ＝ 0.05）

対立仮説　H_1	検定統計量	棄却域　R
$\mu \neq \mu_0$	$u_0 = \dfrac{\bar{y} - \mu_0}{\dfrac{\sigma}{\sqrt{n}}}$	$\lvert u_0 \rvert \geqq 1.9600 = u(0.025)$
$\mu > \mu_0$		$u_0 \geqq 1.6449 = u(0.05)$
$\mu < \mu_0$		$u_0 \leqq -1.6449 = -u(0.05)$

有意水準(level of significance)といい，記号 α で表し，一般的には 5 %（0.05）
が用いられている．1 %（0.01）や，それ以外の値を設定することもあるが，**本
書では有意水準 5 %を採用する**．

　$\alpha=0.05$ としたときに，対立仮説ごとに正規分布上に α 以下となる領域を示
したのが**図 3.1** である．この領域を**棄却域**(rejection region)と呼び，対立仮
説 H_1 と有意水準 α が決まれば定まり，記号 R で表す．棄却域でない領域は**採
択域**(acceptance region)と呼ぶ．有意水準 $\alpha=0.05$ のときの棄却域・採択域
を対立仮説ごとに整理すると**表 3.2** となる．

[**手順3**]　検定統計量の計算

　検定統計量は式（3.2.1）で求めるが，帰無仮説 $H_0: \mu=\mu_0$のもとで u を求め
たので u_0と表記する．

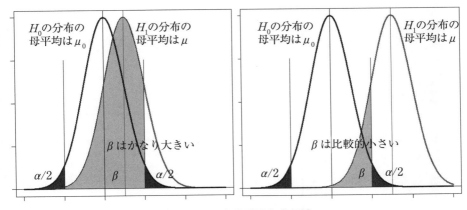

図3.2 検定統計量と棄却域

$$u_0 = (\bar{y} - \mu_0)/\left(\frac{\sigma}{\sqrt{n}}\right) \qquad (3.2.1)$$

[手順4] 判定

u_0が棄却域にあればH_0を棄却し,「H_1が正しい」と積極的に判定する.u_0が採択域にあれば,H_0は棄却できず,「H_1が正しいとはいえない」と消極的に判定する.

H_0が正しいのに,これを棄却してH_1が正しいとする誤り(**図3.2の第一種の過誤** α:濃い網掛け部)は合計で5%という小さい値に抑えられている.これに対し,H_1が正しいのに,H_0を棄却せず,H_1が正しいとしない誤り(**図3.2の第二種の過誤** β:薄い網掛け部)は,図3.2の右図に示すようにμとμ_0が離れているときは比較的小さいが,図3.2の左図に示すようにμとμ_0が近い値であると,βは必ずしも小さい値になっているわけではない.したがって,上記のように消極的な表現を用いることに注意する.

[手順5] 結論

検定に対する結論を述べる.

[検定における2種類の誤りと検出力]

検定の結果により採択する結論は常に正しいとは限らない.前述のように,

表3.3　検定における2種類の誤りと検出力

		真実	
		H_0	H_1
検定結果	H_0	検定結果が正しい（$1-\alpha$）	第二種の過誤　（β）
	H_1	第一種の過誤（α）	検定結果が正しい（$1-\beta=$ **検出力**）

検定には2種類の過ちが存在する（表3.3）．そのひとつが，帰無仮説 H_0：$\mu=\mu_0$ が正しいにもかかわらず，帰無仮説を棄却してしまう誤りで，第一種の過誤（type I error）といい，記号 α で表す[1]．一方，H_0 が正しくないにもかかわらず，これを棄却しない誤りのことを第二種の過誤（type II error）といい，記号 β で表す．β は，図3.2に示したように，第一種の過誤と違って大きさは定まっていない．μ と μ_0 の差の大きさ，ばらつきの大きさ，データ数によって定まり，$0\sim1-\alpha(=0.95)$ の範囲の値をとる．なお，$1-\beta$ は H_0 が正しくないときに H_0 を正しく棄却する確率（H_1 が正しいときに H_1 を正しく検出する確率）であり，この確率を**検出力**（power of test）という．H_0 を棄却できないときは検出力のレベルに注意を払う必要がある．

3.2.2　母平均の検定（母分散が未知）

　母分散が既知の場合，検定統計量は式(3.2.1)で求められたが，母分散が未知の場合には σ^2 の推定量である不偏分散 V を用い，検定統計量を式(3.2.2)とする．

$$t_0=(\bar{y}-\mu_0)/\sqrt{\frac{V}{n}} \tag{3.2.2}$$

1）　有意水準も第一種の過誤も，ともに記号 α で表すが，有意水準は，検定において棄却域を設定し，帰無仮説 H_0 を棄却するかどうかを判断する基準となる確率を示す．一方，第一種の過誤とは，帰無仮説 H_0 が正しいのに棄却し，対立仮説 H_1 を採択する過ちで，このとき，H_0 を棄却する危険性が最大 $100\alpha\%$ あることになる．この危険性を危険率という．このように，「**検定の際，設定した有意水準 α**」は，「危険率」や「第一種の過誤」とは意味合いが異なり，必ずしも同じ値とは限らない．

表 3.4 検定統計量と棄却域 ($\alpha = 0.05$)

対立仮説 H_1	検定統計量	棄却域 R
$\mu \neq \mu_0$		$\lvert t_0 \rvert \geq t(\phi,\ 0.05)=t(\phi,\ \alpha)$
$\mu > \mu_0$	$t_0=\dfrac{\bar{y}-\mu_0}{\sqrt{\dfrac{V}{n}}}$	$t_0 \geq t(\phi,\ 0.10)=t(\phi,\ 2\alpha)$
$\mu < \mu_0$		$t_0 \leq -t(\phi,\ 0.10)=-t(\phi,\ 2\alpha)$

すなわち，Y_1, Y_2, $\cdots$, Y_n が互いに独立に $N(\mu,\ \sigma^2)$ に従うとき，$T=(\bar{Y}-\mu)/\sqrt{V/n}$ が自由度 $\phi=n-1$ の t 分布に従うことを利用して検定する．対立仮説，検定統計量と棄却域を表 3.4 にまとめた．手順は母分散が既知の場合と同様である．

[例題 3.2]

[例題 3.1]のデータを用いて，σ^2 が未知のとき，$H_0:\mu=\mu_0$ に対し $H_1:\mu>\mu_0$ を検定してみよう．

[解答]

必要な統計量を計算する．

$$n=12, \quad \sum y_i=1296, \quad \bar{y}=108.0$$
$$S=\sum(y_i-\bar{y})^2=2^2+0^2+\cdots+2^2=74$$
$$V=\frac{S}{n-1}=6.72727\cong(2.594)^2$$

[手順 1] 仮説の設定

帰無仮説 $H_0:\mu=\mu_0 \quad (\mu_0=105)$

対立仮説 $H_1:\mu>\mu_0$

[手順 2] 有意水準と棄却域の設定

有意水準 $\alpha=0.05$

棄却域 $R:t_0 \geq t(\phi,\ 2\alpha)=t(11,\ 0.10)=1.796$

[手順 3] 検定統計量の計算

$$t_0=(\bar{y}-\mu_0)/\sqrt{\frac{V}{n}}=(108.0-105)/\sqrt{\frac{6.72727}{12}}=4.007$$

[**手順4**]　判定

$$t_0 = 4.007 > t(11, 0.10) = 1.796$$

であり，H_0 は有意水準5%で棄却される．

[**手順5**]　結論

判定結果より，母平均は105より大きくなったといえる．

3.2.3　母平均の推定（母分散が既知）

ここでは母平均がいくらなのかということを推定する．推定には，未知母数の値を，ある特定の数値で推定する**点推定**（point estimation）と，幅をもって推定する**区間推定**（interval estimation）とがある．

①　点推定

点推定としては，すべての線形推定値の中で，その統計量の期待値が推定したい母数に一致する不偏推定量を用い，かつ，最もばらつきが小さいもの（**最良線形不偏推定量[2]**）を選ぶのが合理的である．

したがって，母平均の点推定値は式(3.2.3)となる．

$$\hat{\mu} = \bar{y} \tag{3.2.3}$$

［実務に活かせる智慧と工夫］最良線形不偏推定量（BLUE）

例えば，サンプル個々の y の期待値もサンプルの総平均 $\bar{y}$ の期待値もともに μ であり，いずれも μ の不偏推定値である．しかし，分散は，それぞれ，$Var(y) = \sigma^2$，$Var(\bar{y}) = \sigma^2/n$ であり，μ の点推定値としては平均値 $\bar{y}$ を用いるのが合理的ということになる．

---

②　区間推定（参考）

区間推定には，$u = (\bar{y} - \mu)/(\sigma/\sqrt{n})$ が $N(0, 1^2)$ に従うことを利用する．μ については式(2.2.5)が成り立ち，母分散が既知の場合は，母平均 μ の

2）　これを BLUE（Best Linear Unbiased Estimator）と呼ぶ．

信頼率95%の信頼区間は式(2.2.6)となる.

　第2章で記したように，この区間のことを**信頼区間**(confidence interval)といい，その境界値(上側，下側)のことを，それぞれ，**信頼上限**，**信頼下限**，両方併せて**信頼限界**(confidence limit)という．また，確率0.95のことを**信頼率**といい，$1-\alpha(\alpha=0.05)$で表す.

3.2.4 母平均の推定(母分散が未知)

① 点推定

　母分散が未知の場合も，μの点推定は母分散既知の場合と同じく，$\hat{\mu}=\bar{y}$を用いる.

② 区間推定(参考)

　母分散が未知なので，u分布の代わりにt分布を用いると，式(2.2.10)が成り立ち，信頼率$1-\alpha$の信頼区間は，式(2.2.11)となる.

[例題3.3]

　[例題3.1]のデータを用いて，母分散が未知の場合を想定し，μを推定しよう．信頼率は$1-\alpha=0.95$とする.

[解答]

① 点推定

$$\hat{\mu}=\bar{y}=108.0$$

② 区間推定(信頼率$1-\alpha=0.95$)(参考)

$$信頼下限：\bar{y}-t(\phi,\ \alpha)\sqrt{\frac{V}{n}}=108.0-t(11,\ 0.05)\sqrt{\frac{6.72727}{12}}$$

$$=108.0-2.201\times0.749=106.4$$

$$信頼上限：\bar{y}+t(\phi,\ \alpha)\sqrt{\frac{V}{n}}=108.0+t(11,\ 0.05)\sqrt{\frac{6.72727}{12}}$$

$$=108.0+2.201\times0.749=109.6$$

信頼率$1-\alpha=0.95$の信頼区間：$[106.4,\ 109.6]$

3.2.5 母分散の検定

「工程変更後にばらつきは小さくなったか」というように，ばらつきに関して検定するときも，仮説の設定，有意水準と棄却域の設定，検定統計量の計算，判定という一連の手順は，母平均の検定の場合と同じである．

母分散の推測の基本となるのはχ^2分布であり，y_1, y_2, $\cdots$, y_nが互いに独立に$N(\mu, \sigma^2)$に従うとき，$\chi^2=S/\sigma^2$は自由度$\phi=n-1$のχ^2分布に従うことを利用する．帰無仮説H_0は「母分散σ^2はσ_0^2である」となり，$H_0 : \sigma^2=\sigma_0^2$とする．一方，対立仮説は確認したい「母分散$\sigma^2$は$\sigma_0^2$ではない」，「母分散$\sigma^2$は$\sigma_0^2$より大きい」，「母分散$\sigma^2$は$\sigma_0^2$より小さい」に合わせて，それぞれ，$H_1 : \sigma^2 \neq \sigma_0^2$，$H_1 : \sigma^2 > \sigma_0^2$，$H_1 : \sigma^2 < \sigma_0^2$とする．

平方和は$S=\sum_{i=1}^{n}(y_i-\bar{y})^2$であり，検定統計量と棄却域を**表3.5**にまとめる．

[例題3.4]

[例題3.1]のデータを用いて，$\sigma_0^2=4.0^2$のとき，母分散がこれよりも小さいといえるかどうか検定してみよう．

[解答]

[手順1] 仮説の設定

帰無仮説 $H_0 : \sigma^2=\sigma_0^2$ （$\sigma_0^2=4.0^2$）

対立仮説 $H_1 : \sigma^2 < \sigma_0^2$

[手順2] 有意水準と棄却域の設定

有意水準 $\alpha=0.05$

表3.5 検定統計量と棄却域 ($\alpha=0.05$)

対立仮説 H_1	検定統計量	棄却域 R
$\sigma^2 \neq \sigma_0^2$	$\chi_0^2 = \dfrac{S}{\sigma_0^2}$	$\chi_0^2 \leq \chi^2(\phi, \ 0.975)=\chi^2(\phi, \ 1-\alpha/2)$ $\chi_0^2 \geq \chi^2(\phi, \ 0.025)=\chi^2(\phi, \ \alpha/2)$
$\sigma^2 > \sigma_0^2$		$\chi_0^2 \geq \chi^2(\phi, \ 0.05)=\chi^2(\phi, \ \alpha)$
$\sigma^2 < \sigma_0^2$		$\chi_0^2 \leq \chi^2(\phi, \ 0.95)=\chi^2(\phi, \ 1-\alpha)$

棄却域　$R : \chi_0{}^2 \leq \chi^2(\phi, \ 1-\alpha) = \chi^2(11, \ 0.95) = 4.575$

[手順 3]　検定統計量の計算

$$\chi_0{}^2 = \frac{S}{\sigma_0^2} = \frac{74.0}{4.0^2} = 4.625$$

[手順 4]　判定

$$\chi_0{}^2 = 4.625 > \chi^2(11, 0.95) = 4.575$$

であり，H_0は有意水準 5％で棄却されない．

[手順 5]　結論

　判定結果より，母分散は $\sigma_0^2 = 4.0^2$ より小さくなったとはいえない．

3.2.6　母分散の推定

　①　点推定

　母分散 σ^2 の点推定には，式(2.2.12)の不偏分散(V)を用いる．

　②　区間推定(信頼率 $1-\alpha = 0.95$)(参考)

　区間推定では，式 (2.2.13) が成り立ち，信頼率 $1-\alpha$ の信頼区間は，式 (2.2.14) となる．

[例題 3.5]

　[例題 3.1] のデータを用いて母分散を推定しよう．信頼率は $1-\alpha = 0.95$ とする．

[解答]

[手順 1]　点推定

$$\widehat{\sigma^2} = V = 6.72727 \cong (2.594)^2$$

[手順 2]　区間推定(信頼率 $1-\alpha = 0.95$)(参考)

信頼下限：$\dfrac{S}{\chi^2(\phi, \ \alpha/2)} = \dfrac{74.0}{\chi^2(11, 0.025)} = \dfrac{74.0}{21.920} = 3.376 \cong (1.84)^2$

信頼上限：$\dfrac{S}{\chi^2(\phi, \ 1-\alpha/2)} = \dfrac{74.0}{\chi^2(11, 0.975)} = \dfrac{74.0}{3.816} = 19.392 \cong (4.40)^2$

信頼率 $1-\alpha = 0.95$ の信頼区間　$[1.84^2, \ 4.40^2]$

このように，母分散の区間推定は一般にかなり広いものとなり，実務上の有用性には限界がある．

3.3 2つの母集団の比較に関する推測

対象となる正規母集団として，$N(\mu_1, \sigma_1^2)$ と $N(\mu_2, \sigma_2^2)$ の2つがあり，両者が独立である場合の比較について説明する．

3.3.1 母平均の差の検定

母平均 μ_1 と μ_2 の比較を考える．帰無仮説は $H_0: \mu_1 = \mu_2$ となり，対立仮説は以下の3つ，$H_1: \mu_1 \neq \mu_2$, $H_1: \mu_1 > \mu_2$, $H_1: \mu_1 < \mu_2$ から選ばれる．2つの母集団から得られた n_1, n_2 個のサンプルの平均値は，それぞれ，$\overline{y}_1 \sim N(\mu_1, \sigma_1^2/n_1)$, $\overline{y}_2 \sim N(\mu_2, \sigma_2^2/n_2)$ に従う．μ_1 と μ_2 の差を検討するには，$\overline{y}_1 - \overline{y}_2$ を用いればよい．$\overline{y}_1 - \overline{y}_2$ の分布は式(3.3.1)となり，式(3.3.2)のように，規準化した u_0 は $N(0, 1^2)$ に従う．

$$\overline{y}_1 - \overline{y}_2 \sim N(\mu_1 - \mu_2, \ \sigma_1^2/n_1 + \sigma_2^2/n_2) \tag{3.3.1}$$

$$u_0 = [(\overline{y}_1 - \overline{y}_2) - (\mu_1 - \mu_2)]/\sqrt{\sigma_1^2/n_1 + \sigma_2^2/n_2} \tag{3.3.2}$$

帰無仮説 $H_0: \mu_1 = \mu_2$ のもとでは $\mu_1 - \mu_2 = 0$ であり，検定統計量は式(3.3.3)となる．対立仮説と棄却域を表3.6にまとめた．

$$u_0 = (\overline{y}_1 - \overline{y}_2)/\sqrt{\sigma_1^2/n_1 + \sigma_2^2/n_2} \tag{3.3.3}$$

母分散が未知の場合は，式(3.3.2)の σ_1^2, σ_2^2 に代えて，V_1, V_2 を用いた式(3.3.4)を使用して t 検定する．よって，帰無仮説 $H_0: \mu_1 = \mu_2$ のもとでの検定統計量は式(3.3.5)となる．

$$t = [(\overline{y}_1 - \overline{y}_2) - (\mu_1 - \mu_2)]/\sqrt{V_1/n_1 + V_2/n_2} \tag{3.3.4}$$

$$t_0 = (\overline{y}_1 - \overline{y}_2)/\sqrt{V_1/n_1 + V_2/n_2} \tag{3.3.5}$$

しかし，この場合，分母が2つの異なる分散の和となっているため，式(3.3.5)で求まる t の分布の自由度が明確ではない．そこで，Satterthwaite の方法[3]で，式(3.3.6)により求めた**等価自由度** ϕ^* をもつ t 分布で近似した **Welch の検定**を用いる[4]．対立仮説と棄却域を表3.7にまとめる．

表 3.6　検定統計量と棄却域 ($\alpha = 0.05$)

対立仮説 H_1	検定統計量	棄却域 R
$\mu_0 \neq \mu_1$		$\lvert u_0 \rvert \geqq 1.9600 = u(\alpha/2)$
$\mu_0 > \mu_1$	$u_0 = \dfrac{\overline{y}_1 - \overline{y}_2}{\sqrt{\dfrac{\sigma_1{}^2}{n_1} + \dfrac{\sigma_2{}^2}{n_2}}}$	$u_0 \geqq 1.6449 = u(\alpha)$
$\mu_0 < \mu_1$		$u_0 \leqq -1.6449 = -u(\alpha)$

表 3.7　Welch の検定における検定統計量と棄却域 ($\alpha = 0.05$)

対立仮説 H_1	検定統計量	棄却域 R
$\mu_1 \neq \mu_2$		$\lvert t_0 \rvert \geqq t(\phi^*,\ 0.05) = t(\phi^*,\ \alpha)$
$\mu_1 > \mu_2$	$t_0 = \dfrac{\overline{y}_1 - \overline{y}_2}{\sqrt{\dfrac{V_1}{n_1} + \dfrac{V_2}{n_2}}}$	$t_0 \geqq t(\phi^*,\ 0.10) = t(\phi^*,\ 2\alpha)$
$\mu_1 < \mu_2$		$t_0 \leqq -t(\phi^*,\ 0.10) = -t(\phi^*,\ 2\alpha)$

$$\phi^* = \frac{\left(\dfrac{V_1}{n_1} + \dfrac{V_2}{n_2}\right)^2}{\dfrac{\left(\dfrac{V_1}{n_1}\right)^2}{\phi_1} + \dfrac{\left(\dfrac{V_2}{n_2}\right)^2}{\phi_2}} \tag{3.3.6}$$

一般に, ϕ^* は整数にならない. そのため, 式 (3.3.7) で線形補間して ϕ^* に対応した $t(\phi^*,\ \alpha)$ を求める[5].

$$t(\phi^*,\ \alpha) = t(f_1,\ \alpha) \times (f_2 - \phi^*) + t(f_2,\ \alpha) \times (\phi^* - f_1) \tag{3.3.7}$$

---

3) Satterthwaite の方法とは, 自由度 ϕ_i の不偏分散 V_i が k 個 ($i=1,\ 2,\ \cdots,\ k$) あり, 互いに独立であるときに, V_i の線形結合の分布を次式で定められる等価自由度 ϕ^* をもつ不偏分散の分布で近似させる方法である.

$$\frac{(\sum a_i V_i)^2}{\phi^*} = \left\{ \frac{(a_1 V_1)^2}{\phi_1} + \frac{(a_2 V_2)^2}{\phi_2} + \cdots + \frac{(a_k V_k)^2}{\phi_k} \right\}$$

4) 後述するように, $\sigma_1{}^2 = \sigma_2{}^2$ なら t 検定, $\sigma_1{}^2 \neq \sigma_2{}^2$ なら Welch の検定を用いるが, ① n_1, n_2 の比が 2 以内, または② V_1, V_2 の比が 2 以内のどちらかが成立するなら, $\sigma_1{}^2 \neq \sigma_2{}^2$ であったとしても検定結果が大きく影響を受けないことが知られており, これらの場合, 実務的には t 検定を用いてよい[10].

5) 第6章の [例題 6.1] に示す Excel の組込み関数 TINV を用いる際, 自由度として整数以外を入力すると, 安全側, すなわち, 自由度の小さい側 (t 値としては大きい) の値を返してくるようである. 実務において手計算する場合, 上記のことを理解したうえで, 安全側の数値を用いてもよい.

表3.8　t 検定における検定統計量と棄却域（$\alpha = 0.05$）

対立仮説 H_1	検定統計量	棄却域 R
$\mu_1 \neq \mu_2$	$t_0 = \dfrac{\bar{y}_1 - \bar{y}_2}{\sqrt{V\left(\dfrac{1}{n_1}+\dfrac{1}{n_2}\right)}}$	$\|t_0\| \geq t(\phi,\ 0.05) = t(\phi,\ \alpha)$
$\mu_1 > \mu_2$		$t_0 \geq t(\phi,\ 0.10) = t(\phi,\ 2\alpha)$
$\mu_1 < \mu_2$		$t_0 \leq -t(\phi,\ 0.10) = -t(\phi,\ 2\alpha)$

なお，f_1, f_2 は，それぞれ，ϕ^* を整数に切り捨て，切り上げた自由度である.

一方，$\sigma_1{}^2 = \sigma_2{}^2$（等分散）と考えられる場合には，$V$ を $V = (S_1 + S_2)/(n_1 + n_2 - 2)$ で推定する．これを**同時推定**といい，式(3.3.4)に代えて，式(3.3.8)を用い，この t が $\phi = n_1 + n_2 - 2$ の t 分布に従うことを利用する．帰無仮説のもとでの検定統計量は式(3.3.9)となる．対立仮説と棄却域を表3.8にまとめる.

$$t = [(\bar{y}_1 - \bar{y}_2) - (\mu_1 - \mu_2)]/\sqrt{V(1/n_1 + 1/n_2)} \tag{3.3.8}$$

$$t_0 = (\bar{y}_1 - \bar{y}_2)/\sqrt{V(1/n_1 + 1/n_2)} \tag{3.3.9}$$

3.3.2　母平均の差の推定

① 点推定

母平均の差 $\hat{\mu}_1 - \hat{\mu}_2$ は $\bar{y}_1 - \bar{y}_2$ で点推定する.

② 区間推定（信頼率 $1-\alpha = 0.95$）（参考）

$\sigma_1{}^2$, $\sigma_2{}^2$ が既知の場合，式(3.3.2)は正規分布に従うので，$Pr\{-1.9600 \leq u_0 \leq 1.9600\} = 1-\alpha$ が成立する．この不等式に式(3.3.2)を代入すれば，信頼率 $1-\alpha$ の信頼区間，

$$\left[\bar{y}_1 - \bar{y}_2 - 1.9600\sqrt{\frac{\sigma_1{}^2}{n_1} + \frac{\sigma_2{}^2}{n_2}},\ \ \bar{y}_1 - \bar{y}_2 + 1.9600\sqrt{\frac{\sigma_1{}^2}{n_1} + \frac{\sigma_2{}^2}{n_2}}\right] \tag{3.3.10}$$

が得られる．母分散が未知で，$\sigma_1{}^2 \neq \sigma_2{}^2$ の場合，式(3.3.5)が近似的に自由度 ϕ^* の t 分布に従うので，$Pr\{-t(\phi^*,\ \alpha) \leq t_0 \leq t(\phi^*,\ \alpha)\} = 1-\alpha$ が成り立ち，同様にして式(3.3.11)が得られる.

信頼率 $100(1-\alpha)$％の信頼区間：

$$\left[\bar{y}_1-\bar{y}_2-t(\phi^*,\ \alpha)\sqrt{\frac{V_1}{n_1}+\frac{V_2}{n_2}},\ \ \bar{y}_1-\bar{y}_2+t(\phi^*,\ \alpha)\sqrt{\frac{V_1}{n_1}+\frac{V_2}{n_2}}\right]$$

$$(3.3.11)$$

母分散が未知で，$\sigma_1{}^2=\sigma_2{}^2$が成り立つと考えられる場合は，式(3.3.12)となる．

信頼率$100(1-\alpha)$％の信頼区間：

$$\left[\bar{y}_1-\bar{y}_2-t(\phi,\ \alpha)\sqrt{V\left(\frac{1}{n_1}+\frac{1}{n_2}\right)},\ \ \bar{y}_1-\bar{y}_2+t(\phi,\ \alpha)\sqrt{V\left(\frac{1}{n_1}+\frac{1}{n_2}\right)}\right]$$

$$(3.3.12)$$

[例題 3.6]

医薬品の中間原料の製造において，収量の増加を目的に添加剤の種類を検討することになった．添加剤①，添加剤②でそれぞれ製造したときの中間原料の収量（原料単位量当たり）を**表 3.9**に示す．添加剤により収量が異なるといえるかどうか有意水準5％で検定し，ついで，母平均の差を推定してみよう．

[解答]

必要な統計量を計算する．

$$\bar{y}_1=90.0,\quad \bar{y}_2=94.0$$

$$S_1=(88-90.0)^2+(90-90.0)^2+\cdots+(94-90.0)^2=112.0$$

$$S_2=(91-94.0)^2+(94-94.0)^2+\cdots+(99-94.0)^2=96.0$$

$$V_1=\frac{S_1}{n_1-1}=\frac{112.0}{9}=12.444,\quad V_2=\frac{S_2}{n_2-1}=\frac{96.0}{8}=12.0$$

[手順 1] 仮説と有意水準の設定

帰無仮説 $H_0:\mu_1=\mu_2$

対立仮説 $H_1:\mu_1\neq\mu_2$

表 3.9 中間原料の収量（単位：g）

添加剤①	88	90	89	93	92	95	89	84	86	94
添加剤②	91	94	92	98	96	93	88	95	99	

有意水準　$\alpha=0.05$

[手順2]　検定統計量と棄却域の設定

t検定か Welch の検定かどちらを用いるのか検討する．サンプルサイズの両者の比は2未満（各分散の比も2未満）である．したがって，t検定を用いる．

$$t_0=(\bar{y}_1-\bar{y}_2)/\sqrt{V(1/n_1+1/n_2)}$$

$$V=(S_1+S_2)/\phi=(S_1+S_2)/(n_1+n_2-2)$$

棄却域 $R:|t_0|\geqq t(\phi,\ \alpha)=t(17,\ 0.05)=2.110$

[手順3]　検定統計量の計算

$$V=(S_1+S_2)/(n_1+n_2-2)=(112.0+96.0)/(10+9-2)=12.235$$

$$t_0=(\bar{y}_1-\bar{y}_2)/\sqrt{V(1/n_1+1/n_2)}=(90.0-94.0)/\sqrt{12.235(1/10+1/9)}$$

$$=-2.489$$

[手順4]　判定

$$|t_0|=2.489\geqq t(17,\ 0.05)=2.110$$

であり，H_0は有意水準5%で棄却される．

[手順5]　結論

判定結果より，添加剤の種類によって収量の母平均は異なるといえる．

[手順6]　母平均の差の点推定

$$\mu_1-\mu_2=\bar{y}_1-\bar{y}_2=90.0-94.0=-4.0$$

[手順7]　区間推定（信頼率 $1-\alpha=0.95$）（参考）

信頼下限：$\bar{y}_1-\bar{y}_2-t(n_1+n_2-2,\ \ 0.05)\sqrt{V\left(\dfrac{1}{n_1}+\dfrac{1}{n_2}\right)}$

$$=-4.0-2.110\sqrt{12.235\left(\dfrac{1}{10}+\dfrac{1}{9}\right)}=-7.39$$

信頼上限：$\bar{y}_1-\bar{y}_2+t(n_1+n_2-2,\ \ 0.05)\sqrt{V\left(\dfrac{1}{n_1}+\dfrac{1}{n_2}\right)}$

$$=-4.0+2.110\sqrt{12.235\left(\dfrac{1}{10}+\dfrac{1}{9}\right)}=-0.61$$

3.3.3 母分散の比の検定

正規分布の母分散 σ^2 についての推測には，χ^2 分布を用いた．2 つの母分散 $\sigma_1{}^2$，$\sigma_2{}^2$ の比較には，式(3.3.13)の不偏分散の比を用いる．

$$F = \frac{V_1}{V_2} \tag{3.3.13}$$

この F が帰無仮説のもとでは F 分布に従うことを利用する．F 分布は 2 つの母分散の比較の検定だけでなく，**第 4 章，第 5 章**の分散分析で重要な役割を果たす．

2 つの母集団から互いに独立に求められた V_1，V_2 について，**式(2.3.3)**，すなわち，式(3.3.14)を考えると，これは，第 1 自由度 $\phi_1 = n_1 - 1$，第 2 自由度 $\phi_2 = n_2 - 1$ の F 分布に従う．F 分布は，分散の比によって構成される分布で，それぞれの分散の自由度によって決まる．

$$F = \frac{V_1/\sigma_1{}^2}{V_2/\sigma_2{}^2} \tag{3.3.14}$$

2.3 節で述べたように，式(3.3.14)の F の逆数は，$\dfrac{1}{F} = \dfrac{V_2/\sigma_2{}^2}{V_1/\sigma_1{}^2} \sim F(\phi_2,\ \phi_1)$ であるから，自由度が入れ替わった F 分布になる．

F 分布は右に裾を引いた分布をしており，非対称である（図 2.7 参照）．F 分布表は上側確率で与えられ，上側確率 P が α となる F の値を $F(\phi_1,\ \phi_2;\alpha)$ で表す．この場合，下側確率が α となる F の値は $F(\phi_1,\ \phi_2;1-\alpha)$ となるが，下側確率の表は用意されていない．下側確率については**式(2.3.4)**，すなわち，

$$F(\phi_2,\ \phi_1;\alpha) = \frac{1}{F(\phi_1,\ \phi_2;1-\alpha)} \tag{3.3.15}$$

という関係が成立するので，これを利用する．

[検定の手順]

帰無仮説は $H_0 : \sigma_1{}^2 = \sigma_2{}^2$ であり，検定統計量 F_0 は式(3.3.14)より，式(3.3.16)となる．

$$F_0 = \frac{V_1}{V_2} \tag{3.3.16}$$

対立仮説が $H_1 : \sigma_1{}^2 > \sigma_2{}^2$ の片側検定の場合, 棄却域を $\dfrac{V_1}{V_2} \geqq F(\phi_1, \phi_2 ; \alpha)$ とする. $H_1 : \sigma_1{}^2 < \sigma_2{}^2$ の場合は, $\dfrac{V_1}{V_2} \leqq F(\phi_1, \phi_2 ; 1-\alpha) = \dfrac{1}{F(\phi_2, \phi_1 ; \alpha)}$ より, $\dfrac{V_2}{V_1} \geqq F(\phi_2, \phi_1 ; \alpha)$ となる. 対立仮説 $H_1 : \sigma_1{}^2 \neq \sigma_2{}^2$ という両側検定の場合, 棄却域は, $\dfrac{V_1}{V_2} \geqq F(\phi_1, \phi_2 ; \alpha/2)$ と $\dfrac{V_1}{V_2} \leqq F(\phi_1, \phi_2 ; 1-\alpha/2) = \dfrac{1}{F(\phi_2, \phi_1 ; \alpha/2)}$ の両側に設定する. 下側確率は分母分子を入れ替えて, $\dfrac{V_2}{V_1} \geqq F(\phi_2, \phi_1 ; \alpha/2)$ となるので, 両側検定の棄却域は, $V_1 \geqq V_2$ のときは $\dfrac{V_1}{V_2} \geqq F(\phi_1, \phi_2 ; \alpha/2)$, $V_2 > V_1$ のときは $\dfrac{V_2}{V_1} \geqq F(\phi_2, \phi_1 ; \alpha/2)$ となり, これを**表3.10**にまとめる.

[例題 3.7]

[例題3.6]で母分散に差があるといえるか否か検定してみよう.

[解答]

各添加剤について分散を計算する.

添加剤①のデータ数 $n_1 = 10$, 分散 $V_1 = S_1/(n_1 - 1) = 112.0/9 = 12.444$

添加剤②のデータ数 $n_2 = 9$, 分散 $V_2 = S_2/(n_2 - 1) = 96.0/8 = 12.0$

[手順 1]　仮説の設定と有意水準

帰無仮説　$H_0 : \sigma_1{}^2 = \sigma_2{}^2$

対立仮説　$H_1 : \sigma_1{}^2 \neq \sigma_2{}^2$

有意水準　$\alpha = 0.05$

表3.10　検定統計量と棄却域 ($\alpha = 0.05$)

対立仮説 H_1	検定統計量	棄却域 R
$\sigma_1{}^2 \neq \sigma_2{}^2$	$V_1 \geqq V_2$ のとき $F_0 = V_1/V_2$	$F_0 \geqq F(\phi_1, \phi_2 ; 0.025) = F(\phi_1, \phi_2 ; \alpha/2)$
	$V_2 > V_1$ のとき $F_0 = V_2/V_1$	$F_0 \geqq F(\phi_2, \phi_1 ; 0.025) = F(\phi_2, \phi_1 ; \alpha/2)$
$\sigma_1{}^2 > \sigma_2{}^2$	$F_0 = V_1/V_2$	$F_0 \geqq F(\phi_1, \phi_2 ; 0.05) = F(\phi_1, \phi_2 ; \alpha)$
$\sigma_1{}^2 < \sigma_2{}^2$	$F_0 = V_2/V_1$	$F_0 \geqq F(\phi_2, \phi_1 ; 0.05) = F(\phi_2, \phi_1 ; \alpha)$

[**手順2**]　検定統計量と棄却域の設定

$V_1 \geqq V_2$なので，検定統計量は$F_0 = V_1/V_2$となる．

棄却域 $R : F_0 \geqq F(\phi_1, \phi_2 ; \alpha/2) = F(9, 8 ; 0.025) = 4.357$

[**手順3**]　検定統計量の計算

$$F_0 = V_1/V_2 = 12.444/12.0 = 1.04$$

[**手順4**]　判定

$$F_0 = 1.04 < 4.357 = F(9, 8 ; 0.025)$$

であり，H_0は有意水準5%で棄却されない．

[**手順5**]　結論

判定結果より，添加剤の種類によって母分散が異なるとはいえない．

3.3.4　データに対応がある場合の母平均の差の検定と推定

[**例題3.8**]

排水処理剤A_1とA_2の浄化効果（清浄度）を比較するために，排水成分の異なる8施設をランダムに選んで実験した．結果を**表3.11**に示す．排水処理剤A_1，A_2を用いた場合，清浄度の母平均に差があるか否かを検討してみよう．

データをグラフ化したものが**図3.3**である．施設によってデータは連動するように変動していることがわかる．このように比較する2組のデータが対になって連動しているような場合，「**データに対応がある**」という．

排水処理剤A_1，A_2のいずれにも共通に存在する施設による影響は，施設ごとに排水処理剤A_1のデータから排水処理剤A_2のデータを差し引くことによって除外できる．すなわち，施設ごとに排水処理剤A_1のデータと処理剤A_2の

表3.11　排水処理後の清浄度（単位：省略）

	施設番号							
	1	2	3	4	5	6	7	8
処理剤 A_1	100	144	89	120	130	139	80	122
処理剤 A_2	119	149	88	135	133	169	90	129

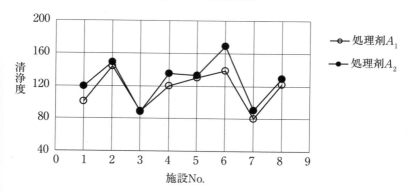

図3.3　排水処理後の清浄度

データの差 d_i（i は施設の番号に対応）を求め，平均値 $\overline{d}$ とその分散 V_d を求める．d_i は $N(\mu_1-\mu_2,\ \sigma_d{}^2)$ に従い，$\sigma_d{}^2$ を V_d に置き換えると，

$$t=\{\overline{d}-(\mu_1-\mu_2)\}/\sqrt{\frac{V_d}{n}} \tag{3.3.17}$$

は自由度 $n-1$ の t 分布に従う．帰無仮説 $H_0:\mu_1=\mu_2$ のもとでは，検定統計量は式(3.3.18)となる．

$$t_0=\overline{d}/\sqrt{\frac{V_d}{n}} \tag{3.3.18}$$

対立仮説と棄却域を**表3.12**にまとめた．推定は以下のようにする．

① 母平均の差 $\mu_1-\mu_2$ の点推定

点推定には $\hat{\mu}_1-\hat{\mu}_2=\overline{d}$ を用いる．

② 区間推定（参考）

区間推定に関しては，式(3.3.17)を参照すると，

$$Pr\left\{-t(\phi,\ \alpha)\leqq\{\overline{d}-(\mu_1-\mu_2)\}/\sqrt{\frac{V_d}{n}}\leqq t(\phi,\ \alpha)\right\}=1-\alpha$$

が成り立つので，

$$Pr\left\{\overline{d}-t(\phi,\ \alpha)\sqrt{\frac{V_d}{n}}\leqq\mu_1-\mu_2\leqq\overline{d}+t(\phi,\ \alpha)\sqrt{\frac{V_d}{n}}\right\}=1-\alpha$$

表3.12 検定統計量と棄却域($\alpha = 0.05$)

対立仮説 H_1	検定統計量	棄却域 R
$\mu_1 \neq \mu_2$		$\|t_0\| \geqq t(\phi,\ 0.05) = t(\phi,\ \alpha)$
$\mu_1 > \mu_2$	$t_0 = \dfrac{\bar{d}}{\sqrt{\dfrac{V_d}{n}}}$	$t_0 \geqq t(\phi,\ 0.10) = t(\phi,\ 2\alpha)$
$\mu_1 < \mu_2$		$t_0 \leqq -t(\phi,\ 0.10) = -t(\phi,\ 2\alpha)$

となる．したがって，区間推定は以下のようになる．

信頼率 $1-\alpha$ の信頼区間：$\left[\bar{d} - t(\phi,\ \alpha)\sqrt{\dfrac{V_d}{n}},\ \ \bar{d} + t(\phi,\ \alpha)\sqrt{\dfrac{V_d}{n}}\right]$

[解答]

[例題 3.8]について，$d_i, \bar{d}$ を求めると**表3.13**のようになり，必要な統計量を計算する．次いで，有意水準 $\alpha = 0.05$ で検定し，差を推定する．

$$\bar{d} = \sum d_i / n = -88/8 = -11, \quad \phi = n - 1 = 8 - 1 = 7$$

$$S_d = \sum (d_i - \bar{d})^2 = (-8)^2 + 6^2 + \cdots + 4^2 = 702, \quad \phi = 7$$

$$V_d = \frac{S_d}{n-1} = \frac{702}{7} = 100.29$$

[手順 1] 仮説の設定と有意水準

帰無仮説 $H_0 : \mu_1 = \mu_2$

対立仮説 $H_1 : \mu_1 \neq \mu_2$

有意水準 $\alpha = 0.05$

[手順 2] 検定統計量と棄却域の設定

$$t_0 = \bar{d} / \sqrt{\frac{V_d}{n}}$$

棄却域 $R : |t_0| > t(\phi,\ \alpha) = t(7,\ 0.05) = 2.365$

[手順 3] 検定統計量の計算

$$t_0 = \bar{d} / \sqrt{\frac{V_d}{n}} = -11 / \sqrt{\frac{100.29}{8}} = -3.107$$

表3.13　排水処理前後の清浄度差 d_i の計算表

| | 施設番号 | | | | | | | | 和 | 平均 |
	1	2	3	4	5	6	7	8		
処理剤 A_1	100	144	89	120	130	139	80	122	924	115.5
処理剤 A_2	119	149	88	135	133	169	90	129	1012	126.5
d_i	−19	−5	1	−15	−3	−30	−10	−7	−88	−11
$d_i - \bar{d}$	−8	6	12	−4	8	−19	1	4	0	0

[**手順4**]　判定

$$|t_0| = 3.107 > t(7, 0.05) = 2.365$$

H_0 は有意水準 5％ で棄却される．

[**手順5**]　結論

　排水処理剤 A_1 と A_2 の処理効果に差があるといえる．

[**手順6**]　母平均の差の推定

①　点推定

$$\hat{\mu}_1 - \hat{\mu}_2 = \bar{d} = -11$$

②　母平均の差の区間推定（信頼率 $1 - \alpha = 0.95$）（参考）

$$信頼下限：\bar{d} - t(\phi, 0.05)\sqrt{\frac{V_d}{n}} = -11 - 2.365\sqrt{\frac{100.29}{8}} = -19.4$$

$$信頼上限：\bar{d} + t(\phi, 0.05)\sqrt{\frac{V_d}{n}} = -11 + 2.365\sqrt{\frac{100.29}{8}} = -2.6$$

［実務に活かせる智慧と工夫］データに対応があるということ

　データの構造，すなわち，一つひとつのデータがどのような要素で構成されているかを考えてみる．データに対応がある場合，［例題3.8］について書けば，$b_i \sim N(0, \sigma_B^2)$ を施設による変動として，

$$y_{1i} = \mu_1 + b_i + e_{1i}, \quad y_{2i} = \mu_2 + b_i + e_{2i}, \quad e_{1i} \sim N(0, \sigma_1^2), \quad e_{2i} \sim N(0, \sigma_2^2)$$

と書ける．すなわち，y_{1i} と y_{2i} には共通部分 b_i が含まれているので互いに

独立ではない.

しかし,これらの差を取れば,$d_i = y_{1i} - y_{2i} = (\mu_1 - \mu_2) + (e_{1i} - e_{2i})$となって共通成分が除かれるので,$d_i$は正規分布$N(\mu_1 - \mu_2, \sigma_d^2)$に従い,前述の式(3.3.18)が検定統計量となる(ただし,$\sigma_d^2 = \sigma_1^2 + \sigma_2^2$).

3.4 同等であるといいたいとき

統計的仮説検定においては,検定結果が有意になると,例えば,$H_0 : \mu = \mu_0$が棄却され$H_1 : \mu \neq \mu_0$が採択されれば,「差がある」と結論する.有意にならないときは,第二種の過誤βの問題があるので,演繹的に「差がない」とはいえず,「差があるとはいえない」と結論することを述べた.

しかしながら,実務面では,「同等である」ことを主張したい場面もある.

[実務に活かせる智慧と工夫] 同等であるといいたいとき

差は0ではないが,実務上差がないといえる違いΔを,σを尺度として何σに相当するかという形で求めておく.σがわからない場合でも,実験が終わってデータが出た時点では結果的にΔの具体的な数値が得られる.

次いで,前述のΔを,有意水準5%,検出力90%で検出できるサンプル数nを求め,ランダムに実験してn個のデータをとる.そして,仮説H_0が棄却されるか否か検定する.H_0が棄却された場合は,H_1が正しい,すなわち,違いがあるといえるので,当然,「差がない」とはいえない.一方,検定結果が有意でない場合,「仮に差があったとしても,その差は高々Δであり,Δの差は実務上意味のない差である.」といえるであろう.解析手順は,[例題3.9]で具体的に示す.

[例題 3.9]

現在,A社から主原料の供給を受け,製品Pを製造している.製品Pの重要特性Qの工程平均は,$\mu_0 = 110$(単位省略)で安定している.また,σは未知

であるが，およそ 0.9 であると想定される．このたび，主原料を A 社より安価な B 社とすることを検討することになった．B 社の原料を用いても特性 Q の工程平均は A 社と同等といえる（差は僅少である）ことを確かめたい．

[解答]

[手順1] 固有技術から，実務上，差がないといえる差 Δ は約 1 と考えられる．

[手順2] $\alpha = 0.05$ の両側検定で，前述の Δ を $\Delta = \mu - \mu_0 = k\sigma (k=1.15)$ とおくと，$\Delta = 1.15 \times 0.9 \cong 1$ であり，このことを検出力 $(1-\beta) = 0.90$ で検出するためのサンプルサイズ n を下式で求める．なお，下式は両側検定の場合の式[6]である．

$$n \cong \left(\frac{\sigma}{\mu - \mu_0}\right)^2 \{u(\alpha) + u(2\beta)\}^2 = \left\{\frac{u(\alpha) + u(2\beta)}{k}\right\}^2 = \left(\frac{1.960 + 1.282}{1.15}\right)^2$$

$$= 7.95 \rightarrow 8$$

σ 既知の場合は，$n=8$ でよいが，今回は σ 未知の場合なので，サンプルサイズは，前述の $n=8$ に 2 を足して 10 とする[7]．

[手順3] 実験を実施し，$n=10$ 個のデータを取る．

実際に B 社の原料を用いてランダムに 10 回実験し，表3.14 のデータを得た．

[手順4] 検定結果は以下のとおりで，H_0 は棄却されない（有意でない）．

帰無仮説　$H_0: \mu = \mu_0$

対立仮説　$H_1: \mu \neq \mu_0$

表3.14　特性 Q のデータ（単位：省略）

y_i	109.7	108.8	110	109.3	108.2	110.4	108.4	111.1	110.4	109.7
$y_i - \bar{y}$	0.1	-0.8	0.4	-0.3	-1.4	0.8	-1.2	1.5	0.8	0.1

---

6) サンプルサイズの求め方は，参考文献[4]の第11章が詳しい．

7) σ 未知の場合の $\alpha = 0.05$，$1-\beta = 0.90$ の両側検定では，n に 2 を足せばよいことが知られている．σ 未知のための情報不足によると考えればよい．

有意水準　$\alpha = 0.05$

$\bar{y} = 109.6$, $\mu_0 = 110$, $n = 10$

$S = (0.1)^2 + (-0.8)^2 + \cdots + (0.1)^2 = 7.84$

$V = S/(n-1) = 7.84/9 = 0.8711$

$|t_0| = \left| \dfrac{\bar{y} - \mu_0}{\sqrt{V/n}} \right| = \left| \dfrac{109.6 - 110}{\sqrt{0.8711/10}} \right| = 1.355 < 2.262 = t(9,\ 0.05)$

[手順5]　結論

　解析結果より，σ の推定値は $\sqrt{0.8711} = 0.93$ である．結果的に $\Delta = k\sigma = 1.15$ ×0.93＝1.07 であり，想定していた $\Delta = 1.0$ にほぼ等しい値となっている．

　主原料を A 社から B 社に切り替えた場合，B 社の原料を用いたときの特性 Q の工程平均は，A 社の原料を用いたときと比べ，仮に差があったとしても，その差は高々 $\Delta = 1.0$ であり，1.0 の差は実務上意味のない差である．よって，両社の原料を用いたときの特性 Q に実質的な差はない（同等）と考えられる．

3.5　正規母集団に関する推測のまとめ

　推測の対象が1つの場合では，正規母集団の母数が興味の対象であり，母平均，母分散がいかなる値であるかが知りたい．また，対象となる母集団が2つある場合には，それらの違いが興味の対象となる．それぞれの目的に応じて適用すべき手法は異なるが，それらを**図3.4**の検定方式の選択において一覧一望し，本章のまとめとする．

　なお，対象となる母集団が3つ以上ある場合は，多重比較という方法を用いることもできるが，難解であり，**第4章**の分散分析（F 検定）を用いるほうが簡便である．

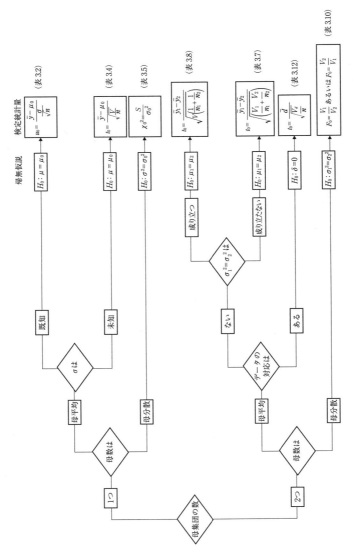

図 3.4　検定方式の選択

第4章
要因配置実験

　本章では1つの因子，あるいは，2つ以上の因子を同時に取り上げ，それらの効果が誤差に比べて大きいか否かを調べる要因配置実験を取り上げる．結果に影響を与えそうな原因を**要因**(sv：source of variance) と呼ぶ．要因配置実験を実施するとき，効果の有無を検討するために実験に取り上げる要因を**因子** (factor)，因子の効果を調べるために設定される条件をその因子の**水準** (level) と呼んだ．以下では，水準の変更によって，着目する特性値がどの程度変化するか(要因効果があるか否か)を検討する．

　実務における計算の実際は，第6章でExcelによる方法を示すので，ここでは，どういう計算が必要なのかについて学ぶことに主眼を置くとよい．理論の細部は，実務への適用と並行して理解を深めていけばよい．

4.1　1元配置実験

　因子を1つだけ取り上げる実験が1元配置実験である．取り上げる因子をA，水準数をa，各水準での繰返し数をnとすれば，総数$N=an$回の実験デー

表 4.1　1元配置実験のデータ形式 ($i = 1, 2, \cdots, a, \ j = 1, 2, \cdots, n$)

因子 A の水準	データ					水準計	平均
A_1	y_{11}	$\cdots$	y_{1j}	$\cdots$	y_{1n}	$T_{A\bullet}$	$\bar{y}_{1\bullet}$
$\vdots$			$\vdots$			$\vdots$	$\vdots$
A_i	y_{i1}	$\cdots$	y_{ij}	$\cdots$	y_{in}	$T_{i\bullet}$	$\bar{y}_{i\bullet}$
$\vdots$			$\vdots$			$\vdots$	$\vdots$
A_a	y_{a1}	$\cdots$	y_{aj}	$\cdots$	y_{an}	$T_{a\bullet}$	$\bar{y}_{a\bullet}$

タは前掲の**表4.1**の形式に整理できる．N回の実験はランダムな順序で行う．

　表4.1のように，A_i水準のj番目のデータをy_{ij}，A_i水準の水準計と平均を，それぞれ，$T_{i\cdot}$, $\overline{y}_{i\cdot}$, 総計と総平均を，それぞれ，T, $\overline{\overline{y}}$と書く．添字の「・」（ドットと読む）は対応するi, jに関する和，「－」（バーと読む），「＝」（ダブルバーと読む）は，それぞれ，平均，総平均をとる操作を表し，式(4.1.1)～式(4.1.4)のように定義する．

$$T_{i\cdot}=\sum_{j=1}^{n} y_{ij} \tag{4.1.1}$$

$$\overline{y}_{i\cdot}=T_{i\cdot}/n \tag{4.1.2}$$

$$T=\sum_{i=1}^{a} T_{i\cdot}=\sum_{i=1}^{a}\sum_{j=1}^{n} y_{ij} \tag{4.1.3}$$

$$\overline{\overline{y}}=T/N \tag{4.1.4}$$

［例題4.1］

　ある化学品の収量が触媒の添加量によって差があるかどうかを検討するため，因子A（触媒の添加量）を$a=3$水準(A_1, A_2, A_3)取り上げて実験することにした．各水準での繰返しを$n=4$とし，合計$N=an=3\times4=12$回の実験をランダムに行ったところ，**表4.2**のデータが得られた．これを数値例として説明する．

　データの構造を**表4.3**に示す．データは全体平均と変動部分に，変動部分は因子Aの水準を変更したことによる要因効果（処理効果）と誤差の和に分かれる．

　また，因子Aの水準変更による要因効果の和は$\sum a_i=0$となっている．

表4.2　化学品の収量（単位：省略）

添加量	データ				$T_{i\cdot}$	$\overline{y}_{i\cdot}$	$\overline{y}_{i\cdot}-\overline{\overline{y}}$
A_1	80	86	88	84	338	84.5	-3.0
A_2	88	90	92	94	364	91.0	3.5
A_3	90	88	84	86	348	87.0	-0.5

$$T=\sum_{i=1}^{a} T_{i\cdot}=\sum_{i=1}^{a}\sum_{j=1}^{n} y_{ij}=338+364+348=1050, \quad \overline{\overline{y}}=\frac{T}{N}=\frac{1050}{12}=87.5$$

表 4.3 データの構造

データ y_{ij}					全体平均 μ（定数部分）					変動部分			
80	86	88	84		87.5	87.5	87.5	87.5		-7.5	-1.5	0.5	-3.5
88	90	92	94	=	87.5	87.5	87.5	87.5	+	0.5	2.5	4.5	6.5
90	88	84	86		87.5	87.5	87.5	87.5		2.5	0.5	-3.5	-1.5

$\sum_{i=1}^{3} \alpha_i = 0$

要因効果

-3	-3	-3	-3
3.5	3.5	3.5	3.5
-0.5	-0.5	-0.5	-0.5

⟷ 変動部分 ⟷

誤差

-4.5	1.5	3.5	-0.5
-3	-1	1	3
3	1	-3	-1

表 4.3 に示したデータの構造を展開したものをもとに，後述する式 (4.1.11)〜式(4.1.13)のように平方和を計算できる．この展開は面倒なので，手計算をする場合は，4.1.1 項[1]のように計算し，実務では**第 6 章**に示すように Excel で行う．参考までに，処理効果の平方和 S_A を例に，従来法（修正項：$CT = T^2/N$）を用いた計算を示しておく[1]．

$$S_A = n\sum_{i=1}^{a} \bar{y}_{i\cdot}^2 - CT = n\sum_{i=1}^{a} \bar{y}_{i\cdot}^2 - \frac{T^2}{N}$$

$$= 4 \times (84.5^2 + 91.0^2 + 87.0^2) - \frac{1050^2}{12} = 91961 - 91875 = 86$$

4.1.1 データの構造と平方和の分解

表 4.3 から，データの構造は式(4.1.5)となっていることが確認できた．ただし，表 4.3 の要因効果のところに示したように式(4.1.6)の**制約条件**が付帯する．

---

1) 従来より，平方和の計算においては，手計算に便利なように修正項 CT を用いて平方和を計算する方法がとられている．近年，コンピュータ，ならびに，そのソフトの発達に伴い，平方和の計算において CT を用いる必然性が薄れてきたので，本書では修正項を用いていない．実務では，たいていの場合，要因効果，すなわち，平均値からの偏差に着目しているので CT への関心は薄いからである．しかし，稀に，データ全体の平均値に注目している場合があり，その折は CT に意味が出てくる．

$$y_{ij} \; = \; \mu \; + \; \alpha_i \; + \; e_{ij} \tag{4.1.5}$$

（データ ＝ 総平均 ＋ 処理効果 ＋ 誤差）

$$\sum \alpha_i = 0, \;\; e_{ij} \sim N(0, \; \sigma^2) \tag{4.1.6}$$

$\mu + \alpha_i (i=1, 2, \cdots, a)$ は y_{ij} の期待値（母平均）であり，総平均 μ と A_i 水準の要因効果 α_i（主効果）の和で表される．これらは母数（定数）であるが，実験誤差 e_{ij} は $N(0, \sigma^2)$ に従う変量である．

［実務に活かせる智慧と工夫］ランダマイズの重要性

　誤差には，**1.1.2** 項で述べた，①独立性，②不偏性，③等分散性，④正規性の4つの仮定を置いている．**4つの仮定のうちもっとも大切なのは①独立性の仮定であり，これを保証する唯一の手段は実験をランダムな順序で行うことである．** ランダムな順序で実験を行うことにより，実験順序や時間に伴う系統的な要因が存在したとしてもそれらを各水準へ確率的にランダムに振り分けて実験誤差に組入れることができる．ランダムな順序で行うには乱数表を利用するか，Excel の組込み関数 RAND() などを用いるとよい．

---

［1］　平方和の計算

　水準数を a，各水準における繰返し数を等しく n としたとき，個々のデータ y_{ij} の総平均 $\overline{\overline{y}}$ に対する偏差平方和（総平方和）は，表 4.3 の変動部分の2乗和，

$$S = \sum_{i=1}^{a} \sum_{j=1}^{n} (y_{ij} - \overline{\overline{y}})^2$$

であり，これは式(4.1.7)のように分解できる．

$$S = \sum_{i=1}^{a} \sum_{j=1}^{n} (y_{ij} - \overline{\overline{y}})^2 = \sum_{i=1}^{a} \sum_{j=1}^{n} \{(y_{ij} - \overline{y}_{i\bullet}) + (\overline{y}_{i\bullet} - \overline{\overline{y}})\}^2$$

$$= \sum_{i=1}^{a} \sum_{j=1}^{n} (y_{ij} - \overline{y}_{i\bullet})^2 + 2\sum_{i=1}^{a} \sum_{j=1}^{n} (y_{ij} - \overline{y}_{i\bullet})(\overline{y}_{i\bullet} - \overline{\overline{y}}) + n\sum_{i=1}^{a} (\overline{y}_{i\bullet} - \overline{\overline{y}})^2 \tag{4.1.7}$$

　式(4.1.7)の右辺第2項は式(4.1.8)から0であり，総平方和は式(4.1.9)となる．

$$2\sum_{i=1}^{a}\sum_{j=1}^{n}(y_{ij}-\overline{y}_{i\bullet})(\overline{y}_{i\bullet}-\overline{\overline{y}})=2\sum_{i=1}^{a}(\sum_{j=1}^{n}y_{ij}-n\overline{y}_{i\bullet})(\overline{y}_{i\bullet}-\overline{\overline{y}})$$

$$=2\sum_{i=1}^{a}(\sum_{j=1}^{n}y_{ij}-n\times\sum_{j=1}^{n}y_{ij}/n)(\overline{y}_{i\bullet}-\overline{\overline{y}})=2\sum_{i=1}^{a}(\sum_{j=1}^{n}y_{ij}-\sum_{j=1}^{n}y_{ij})(\overline{y}_{i\bullet}-\overline{\overline{y}})=0$$

$$(4.1.8)$$

$$S=\sum_{i=1}^{a}\sum_{j=1}^{n}(y_{ij}-\overline{y}_{i\bullet})^{2}+n\sum_{i=1}^{a}(\overline{y}_{i\bullet}-\overline{\overline{y}})^{2}=n\sum_{i=1}^{a}(\overline{y}_{i\bullet}-\overline{\overline{y}})^{2}+\sum_{i=1}^{a}\sum_{j=1}^{n}(y_{ij}-\overline{y}_{i\bullet})^{2}$$

$$S_{A}=n\sum_{i=1}^{a}(\overline{y}_{i\bullet}-\overline{\overline{y}})^{2},\quad S_{e}=\sum_{i=1}^{a}\sum_{j=1}^{n}(y_{ij}-\overline{y}_{i\bullet})^{2} \qquad (4.1.9)$$

その結果，総平方和 S は，式(4.1.10)のように，処理間平方和 S_A と誤差平方和 S_e に直交分解される．［例題4.1］では，式(4.1.11)〜式(4.1.13)となる．

$$S=S_{A}+S_{e} \qquad (4.1.10)$$

[総平方和] $\quad S=\sum_{i=1}^{a}\sum_{j=1}^{n}(y_{ij}-\overline{\overline{y}})^{2}=(-7.5)^{2}+(-1.5)^{2}+\cdots+(-1.5)^{2}=161$

$$(4.1.11)$$

[誤差平方和] $\quad S_{e}=\sum_{i=1}^{a}\sum_{j=1}^{n}(y_{ij}-\overline{y}_{i\bullet})^{2}=(-4.5)^{2}+(1.5)^{2}+\cdots+(-1)^{2}=75$

$$(4.1.12)$$

誤差平方和 S_e は同じ水準に属している各データのばらつき，つまり，同じ処理を受けたにもかかわらず生じた違い（誤差）を意味する．

[処理間平方和] $\quad S_{A}=n\sum_{i=1}^{a}(\overline{y}_{i\bullet}-\overline{\overline{y}})^{2}=4\times[(-3)^{2}+(3.5)^{2}+(-0.5)^{2}]=86$

$$(4.1.13)$$

処理間平方和 S_A は水準平均と総平均の偏差の平方和で，水準を変化させたことによる変動を表している．式(4.1.10)の各項はいずれも2乗和で定義され，**ss**(sum of squares)と書く．水準間に差があれば S_e に比べて，相対的に S_A が大きくなり，差がなければ S_A は相対的に小さくなる．しかし，自由度が考慮されていない平方和のままでは直接の大小比較はできない．一般に，データ数が増えると平方和は増加するからである．

そこで，帰無仮説のもとでそれぞれ χ^2 分布する量，すなわち，平方和を**自由度**で割った**平均平方**(**ms**：mean square)を求め，その比をとって F 検定する．これを**分散分析**(**ANOVA**：analysis of variance)という．以下，手順を追って説明する．

［ 2 ］　平方和の自由度

各平方和 S, S_A, S_e において，2 乗和を構成する独立な（自由に動かし得る）成分の個数を**自由度**（***df***：degree of freedom）と呼び，記号 ϕ, ϕ_A, ϕ_e で表す．式 (4.1.11) の総平方和 S は，$N = an$ 個の $(y_{ij} - \overline{\overline{y}})$ の 2 乗和であるが，μ の代わりに $\overline{\overline{y}}$ を用いているため，制約条件 $\sum\limits_{i=1}^{a} \sum\limits_{j=1}^{n} (y_{ij} - \overline{\overline{y}}) = 0$ が 1 つ発生し，独立な成分は $N - 1$ 個となる．よって，自由度は $\phi = N - 1$ となる．同様に，式 (4.1.13) の処理間平方和 S_A は，a 個の $(\overline{y}_{i\bullet} - \overline{\overline{y}})$ の 2 乗和であるが，制約条件 $\sum\limits_{i=1}^{a} (\overline{y}_{i\bullet} - \overline{\overline{y}}) = 0$ が 1 つ存在し，自由度は，a から 1 つ減って $\phi_A = a - 1$ となる．式 (4.1.12) の誤差平方和 S_e も，$N = an$ 個の $(y_{ij} - \overline{y}_{i\bullet})$ の 2 乗和であるが，A の水準ごとに制約条件 $\sum\limits_{i} (y_{ij} - \overline{y}_{i\bullet}) = 0$ が 1 つ発生し，これが全部で a セットあり，結局，自由度は，$\phi_e = an - 1 \times a = an - a = (an - 1) - (a - 1) = \phi - \phi_A$ となる．

［ 3 ］　平均平方と平均平方の期待値

平均平方を記号 V で表すと式 (4.1.14) のように書ける．

$$V_A = S_A / \phi_A, \quad V_e = S_e / \phi_e \tag{4.1.14}$$

式 (4.1.5) の $y_{ij} = \mu + \alpha_i + e_{ij}$，式 (4.1.6) の $\sum \alpha_i = 0$ より，式 (4.1.15) を得る．

$$\left.\begin{aligned}
\overline{y}_{i\bullet} &= \sum_{j=1}^{n} y_{ij}/n = \sum_{j=1}^{n} (\mu + \alpha_i + e_{ij})/n = \mu + \alpha_i + \overline{e}_{i\bullet} \\
\overline{\overline{y}} &= \sum_{i=1}^{a} \overline{y}_{i\bullet}/a = \sum_{i=1}^{a} (\mu + \alpha_i + \overline{e}_{i\bullet})/a = \mu + \sum_{i=1}^{a} \alpha_i/a + \overline{e}_{\bullet\bullet} = \mu + \overline{\overline{e}}
\end{aligned}\right\} \tag{4.1.15}$$

ここで，$\overline{e}_{\bullet\bullet}$ を $\overline{\overline{e}}$（イーダブルバーと読む）と書く．式 (4.1.12) へこれらを代入し，式 (4.1.16) を得る．

$$\begin{aligned}
S_e &= \sum_{i=1}^{a} \sum_{j=1}^{n} (y_{ij} - \overline{y}_{i\bullet})^2 = \sum_{i=1}^{a} \sum_{j=1}^{n} [(\mu + \alpha_i + e_{ij}) - (\mu + \alpha_i + \overline{e}_{i\bullet})]^2 \\
&= \sum_{i=1}^{a} \sum_{j=1}^{n} (e_{ij} - \overline{e}_{i\bullet})^2
\end{aligned} \tag{4.1.16}$$

誤差平方和 S_e の期待値は式 (4.1.17) である．データがランダムに得られているなら誤差は互いに独立で $E[e_{ij} e_{ij'}] = 0 (j \neq j')$ であるから，式 (4.1.18) が得

られる.

$$E[S_e]=\sum_{i=1}^{a}\sum_{j=1}^{n} E[(e_{ij}-\bar{e}_{i\cdot})^2] \tag{4.1.17}$$

$$E[e_{ij}-\bar{e}_{i\cdot}]^2=E[e_{ij}^2]-2E[e_{ij}\bar{e}_{i\cdot}]+E[\bar{e}_{i\cdot}^2]$$

$$=\sigma^2-2\ E[e_{ij}\times(e_{ij}+\sum_{j'\neq j} e_{ij'})/n]+\sigma^2/n=\sigma^2-2\ E[e_{ij}\times e_{ij}/n]+\sigma^2/n$$

$$=\sigma^2-2\ \times\sigma^2/n+\sigma^2/n=\sigma^2-\sigma^2/n=\{(n-1)/n\}\sigma^2$$

$$\therefore E[S_e]=\sum_{i=1}^{a}\sum_{j=1}^{n}\{(n-1)/n\}\sigma^2=an\times\{(n-1)/n\}\sigma^2=a(n-1)\sigma^2$$

$$\tag{4.1.18}$$

処理間平方和は式(4.1.19)により求める.

$$S_A=\sum_{i=1}^{a}\sum_{j=1}^{n}(\bar{y}_{i\cdot}-\bar{\bar{y}})^2=\sum_{i=1}^{a}\sum_{j=1}^{n}\{(\mu+\alpha_i+\bar{e}_{i\cdot})-(\mu+\bar{\bar{e}})\}^2$$

$$=\sum_{i=1}^{a}\sum_{j=1}^{n}\{\alpha_i+(\bar{e}_{i\cdot}-\bar{\bar{e}})\}^2 \tag{4.1.19}$$

$E[\alpha_i^2]=\alpha_i^2$, $E[\alpha_i(\bar{e}_{i\cdot}-\bar{\bar{e}})]=0$ に注意すると,

$$E[\alpha_i+(\bar{e}_{i\cdot}-\bar{\bar{e}})]^2=E[\alpha_i^2+2\alpha_i(\bar{e}_{i\cdot}-\bar{\bar{e}})+(\bar{e}_{i\cdot}-\bar{\bar{e}})^2]=\alpha_i^2+E[(\bar{e}_{i\cdot}-\bar{\bar{e}})^2]$$

$$=\alpha_i^2+E[\bar{e}_{i\cdot}^2]-2E[\ \bar{e}_{i\cdot}\times\bar{\bar{e}}]+E[\bar{\bar{e}}^2]$$

$$=\alpha_i^2+E[\bar{e}_{i\cdot}^2]-2E[\bar{e}_{i\cdot}\times(\bar{e}_{i\cdot}+\sum_{i'\neq i}\bar{e}_{i'\cdot})/a]+E[\bar{\bar{e}}^2]$$

$$=\alpha_i^2+E[\bar{e}_{i\cdot}^2]-2E[\bar{e}_{i\cdot}\times\bar{e}_{i\cdot}/a]+E[\bar{\bar{e}}^2]$$

$$=\alpha_i^2+\sigma^2/n-2\ \times(\sigma^2/n)/a+\sigma^2/an=\alpha_i^2+\{1/n-1/(an)\}\sigma^2$$

$$=\alpha_i^2+\{(a-1)/an\}\sigma^2$$

$$\tag{4.1.20}$$

が得られ, S_Aの期待値は, 式(4.1.21)となる.

$$E[S_A]=\sum_{i=1}^{a}\sum_{j=1}^{n}\{\alpha_i+(\bar{e}_{i\cdot}-\bar{\bar{e}})\}^2=\sum_{i=1}^{a}\sum_{j=1}^{n}[\alpha_i^2+\{(a-1)/an\}\sigma^2]$$

$$=n\sum_{i=1}^{a}\alpha_i^2+(a-1)\sigma^2 \tag{4.1.21}$$

ここで, 式(4.1.22)を定義すると, 式(4.1.21)は式(4.1.23)と書ける.

$$\sigma_A{}^2 \equiv \sum_{i=1}^{a} \alpha_i{}^2 / (a-1) \tag{4.1.22}$$

$$E[S_A] = n(a-1)\sigma_A{}^2 + (a-1)\sigma^2 = (a-1)(\sigma^2 + n\sigma_A{}^2) \tag{4.1.23}$$

$n\sigma_A{}^2$ を各水準でデータ数が異なる場合を含めて書けば，$\sum_{i=1}^{a} n_i \alpha_i{}^2 / \phi_A$ となる．よって，平均平方 V_A，V_e の期待値 $E(ms)$ は，式 (4.1.18)，式 (4.1.23) より式 (4.1.24) となる[2]．

$$\left.\begin{array}{l} E[V_A] = E[S_A]/(a-1) = \sigma^2 + n\sigma_A{}^2 \\ E[V_e] = E[S_e]/\{a(n-1)\} = \sigma^2 \end{array}\right\} \tag{4.1.24}$$

式 (4.1.24) において，$\sigma_A{}^2$ にかかる係数 n は各水準におけるデータ数となっており，これが $E(ms)$ の書き下しのルールとなる．後述する2元配置実験，第5章の直交表実験にも適用できる．

［実務に活かせる智慧と工夫］等分散性の確認

　分散分析に進む前に等分散性が満たされているか否かをチェックすることが望ましい．しかし，F 分布は等分散性に対して**ロバスト**である（頑健性がある）ので，等分散性からの多少のずれは気にしなくてもよい．ただし，データをグラフ化したときなど，明らかに等分散性が崩れているときは，統計的推測に入る前にその原因を調査することが実務上必要となる．

4.1.2　分散分析

　式 (4.1.24) において，$\sigma_A{}^2 = 0$ なら $E[V_A] = E[V_e] = \sigma^2$ となり，V_A を V_e で割った比 $F_0 = V_A / V_e$ は，自由度 (ϕ_A, ϕ_e) の F 分布に従う．式 (4.1.6)，式 (4.1.22) より，$\sigma_A{}^2$ は処理効果の大きさを表し，$\sigma_A{}^2 = 0$ は $\alpha_i{}^2 = 0$，すなわち，$\alpha_1 = \alpha_2 = \cdots = \alpha_a$ と同値である．よって，仮説は以下のようになる．

2）　ここで，$E[V_e] = E[S_e/\phi_e] = \sigma^2$ より，自由度 $a(n-1)$ は V_e の期待値における σ^2 の係数が1になるように割る数となっていることがわかる．$E[V_A] = E[V_A/\phi_A] = \sigma^2 + n\sigma_A{}^2$ についても同様である．

帰無仮説　$H_0 : \sigma_A{}^2=0$, すなわち, すべての $\alpha_i=0$　($i=1, 2, \cdots, a$)

対立仮説　$H_1 : \sigma_A{}^2>0$　すなわち, 少なくとも1つの $\alpha_i \neq 0$　($i=1, 2, \cdots, a$)

この検定は, 有意水準を α とし,

$$\left.\begin{array}{l} 検定統計量 : F_0 = V_A / V_e \\ H_0 の棄却域 : F_0 \geqq F(\phi_A, \phi_e ; \alpha) \end{array}\right\} \qquad (4.1.25)$$

でもって F 検定する. すなわち, $\sigma_A{}^2>0$ なら一般に $E[V_A]>E[V_e]$ となるから, H_0 の棄却域は, F 分布の右裾のみに設定する右片側検定が適切である. したがって, 分散分析の手順は, 次のようになる.

[手順1]　データの構造と制約条件を式(4.1.26)とする.

$$y_{ij}=\mu+\alpha_i+e_{ij}, \ \textstyle\sum \alpha_i=0, \ e_{ij} \sim N(0, \ \sigma^2) \qquad (4.1.26)$$

[手順2]　データをグラフ化し, 要因効果の概略について考察する(**図4.1**).

[手順3]　等分散性の確認→本書では省略

[手順4]　平方和および自由度を計算する.

$$S=\sum_{i=1}^{a} \sum_{j=1}^{n} (y_{ij}-\overline{\overline{y}})^2, \quad \phi=N-1=an-1 \qquad (4.1.27)$$

$$S_A=n\sum_{i=1}^{a} (\overline{y}_{i\cdot}-\overline{\overline{y}})^2, \quad \phi_A=a-1 \qquad (4.1.28)$$

$$S_e=S-S_A, \quad \phi_e=\phi-\phi_A=a(n-1) \qquad (4.1.29)$$

[手順5]　分散分析表の作成(表4.4, 上向き矢印のように F 検定する).

[手順6]　分散分析に対する結論を述べる.

$F_0=V_A/V_e \geqq F(\phi_A, \phi_e ; \alpha)$ なら有意と判定する.

表4.4　分散分析表

sv	ss	df	ms	F_0	$E(ms)$
処理間 A	S_A	ϕ_A	$V_A=S_A/\phi_A$	V_A/V_e	$\sigma^2+n\sigma_A{}^2$
誤差 e	S_e	ϕ_e	$V_e=S_e/\phi_e$		σ^2
計	S	ϕ			

[解答]

　[例題4.1]の解析は，次のようになる．

[手順1]　データの構造と制約条件を以下と置く．

$$y_{ij}=\mu+\alpha_i+e_{ij}, \ \sum_{i=1}^{3}\alpha_i=0, \ e_{ij}\sim N(0, \ \sigma^2) \tag{4.1.30}$$

[手順2]　データのグラフ化と考察

　図4.1から，因子 A の効果はありそうである．

[手順3]　等分散性の確認→省略

[手順4]　平方和および自由度の計算

$$S=\sum_{i=1}^{3}\sum_{j=1}^{4}(y_{ij}-\overline{\overline{y}})^2=(-7.5)^2+(-1.5)^2+\cdots+(-1.5)^2=161$$

$$\phi=3\times4-1=11$$

$$S_A=4\times\sum_{i=1}^{3}(\overline{y}_{i\bullet}-\overline{\overline{y}})^2=4\times\{(-3.0)^2+3.5^2+(-0.5)^2\}=86$$

$$\phi_A=3-1=2$$

$$S_e=S-S_A=161-86=75, \ \phi_e=\phi-\phi_A=11-2=9$$

[手順5]　分散分析表の作成

　表4.5の分散分析表より，有意水準5％で処理間に差があるといえる．すな

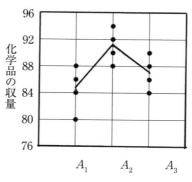

図4.1　データのグラフ化

表 4.5　分散分析表

sv	ss	df	ms	F_0	$E(ms)$
A	86	2	43	5.16*	$\sigma^2 + 4\sigma_A^2$
e	75	9	8.3333		σ^2
計	161	11			

わち，触媒の添加量により得られる化学品の収量に差があるといえる．よって，分散分析後のデータの構造も式(4.1.30)のままで変わらない．なお，慣例として，有意水準5%で有意なら F_0 値の右肩に「＊」印を付す．有意水準1%で(高度に)有意なら「＊＊」印を付す場合もあるが，**本書では有意水準は5%に固定する**．

[繰返し数が異なる場合]

　水準によって繰返し数が異なり A_i 水準で n_i，総実験数が $N = \sum_{i=1}^{a} n_i$ である場合の変更点について示す．データの構造は式(4.1.5)と同様，$y_{ij} = \mu + \alpha_i + e_{ij}$ である．制約条件 $e_{ij} \sim N(0,\ \sigma^2)$ もそのままであるが，α_i に関する制約は，式(4.1.6)の代わりに式(4.1.31)となる．

$$\sum_{i=1}^{a} n_i \alpha_i = 0 \tag{4.1.31}$$

$$\widehat{\mu} = \overline{\overline{y}} = \sum_{i=1}^{a} \sum_{j=1}^{n_i} y_{ij} / N \tag{4.1.32}$$

　式(4.1.32)により $\widehat{\mu}$ として $\overline{\overline{y}}$ を用いると，平方和と自由度は式(4.1.33)～式(4.1.35)のように計算できる．各平均平方の期待値は式(4.1.36)，式(4.1.37)である．

$$S = \sum_{i=1}^{a} \sum_{j=1}^{n_i} (y_{ij} - \overline{\overline{y}})^2, \quad \phi = N - 1 \tag{4.1.33}$$

$$S_A = \sum_{i=1}^{a} n_i (\overline{y}_{i\cdot} - \overline{\overline{y}})^2, \quad \phi_A = a - 1 \tag{4.1.34}$$

$$S_e = \sum_{i=1}^{a} \sum_{j=1}^{n_i} (y_{ij} - \bar{y}_{i\cdot})^2 = S - S_A, \quad \phi_e = N - a \tag{4.1.35}$$

$$\left.\begin{array}{l} E[V_A] = E[S_A/\phi_A] = \sigma^2 + \sum_{i=1}^{a} n_i \alpha_i{}^2/\phi_A \\[6pt] (\text{すべての}i\text{で}n_i = n \text{ のとき}\sigma^2 + n\sigma_A^2) \end{array}\right\} \tag{4.1.36}$$

$$E[V_e] = E[S_e/\phi_e] = \sigma^2 \tag{4.1.37}$$

4.1.3 分散分析後の解析

分散分散後のデータの構造に基づき，最適水準の決定やその水準における母平均や特定の水準間の差の推測について説明する．

[1] 処理母平均の推定

母平均の推定を行う．A_i水準の繰返し数を n_i，母平均を $\mu(A_i)$，その推定量を $\hat{\mu}(A_i)$（ミューエィアィハットと読む）で示すと，以下のようになる．

① 点推定

$$\hat{\mu}(A_i) = \hat{\mu} + \hat{\alpha}_i = \bar{y}_{i\cdot} \tag{4.1.38}$$

② $100(1-\alpha)$ %信頼区間（参考）

$$[\bar{y}_{i\cdot} - t(\phi_e, \ \alpha)\sqrt{V_e/n_i}, \ \bar{y}_{i\cdot} + t(\phi_e, \ \alpha)\sqrt{V_e/n_i}] \tag{4.1.39}$$

[2] 処理間の差の推定

1元配置実験で水準 A_i と $A_{i'}$ の母平均の差 $\mu(A_i) - \mu(A_{i'})$ の推定は以下となる．

① 点推定

$$\hat{\mu}(A_i) - \hat{\mu}(A_{i'}) = \bar{y}_{i\cdot} - \bar{y}_{i'\cdot} \tag{4.1.40}$$

② $100(1-\alpha)$ %信頼区間（参考）

式(4.1.40)の分散を求めるため，式(4.1.15)のデータの構造を式(4.1.40)へ代入し，

$$\bar{y}_{i\cdot} - \bar{y}_{i'\cdot} = (\mu + \alpha_i + \bar{e}_{i\cdot}) - (\mu + \alpha_{i'} + \bar{e}_{i'\cdot}) = (\alpha_i - \alpha_{i'}) + (\bar{e}_{i\cdot} - \bar{e}_{i'\cdot}) \tag{4.1.41}$$

を得る. $\bar{e}_{i\cdot}$ と $\bar{e}_{i'\cdot}$ は互いに独立であるから $(i \neq i')$,

$$\widehat{Var}[\hat{\mu}(A_i) - \hat{\mu}(A_{i'})] = (1/n_i + 1/n_{i'})V_e \qquad (4.1.42)$$

となる. よって, $\mu(A_i) - \mu(A_{i'})$ の $100(1-\alpha)$% 信頼区間は, 式 $(4.1.43)$ となる.

$$[\bar{y}_{i\cdot} - \bar{y}_{i'\cdot} - t(\phi_e,\ \alpha)\sqrt{(1/n_i + 1/n_{i'})V_e},$$
$$\bar{y}_{i\cdot} - \bar{y}_{i'\cdot} + t(\phi_e,\ \alpha)\sqrt{(1/n_i + 1/n_{i'})V_e}] \qquad (4.1.43)$$

[例題 4.2]

[例題 4.1] のデータについて, 分散分析後のデータの構造に基づく推測を行ってみよう.

[解答]

特性値は大きいほうがよいとすると, 図 4.1 より最適水準は A_2 である.

① A_i 水準の母平均の点推定値は, 式 $(4.1.38)$ より,

$\qquad A_1 : \bar{y}_{1\cdot} = 84.5,\ \ A_2 : \bar{y}_{2\cdot} = 91.0,\ \ A_3 : \bar{y}_{3\cdot} = 87.0$　となる.

② A_i 水準の母平均の 95% 信頼区間の幅 $(\pm Q)$（参考）

Q は, 式 $(4.1.39)$ より,

$\qquad Q = t(\phi_e,\ \alpha)\sqrt{V_e/n_i} = t(9,\ 0.05)\sqrt{8.3333/4} = 2.262 \times 1.443 = 3.26$

となり, 95% 信頼区間は, 以下となる.

$\qquad A_1 : [81.2,\ 87.8],\quad A_2 : [87.7,\ 94.3],\quad A_3 : [83.7,\ 90.3]$

4.2 2元配置実験

前節では, データ y_{ij} に影響を与える要因として, 1つの因子 A のみを取り上げた. 2元配置実験では 2つの因子 A, B を同時に取り上げる.

仮に, 因子 A（柔軟化剤）を工夫して衝撃強度を改善することになったとしよう. 第1段階として, それぞれの添加剤を一定量添加して成形品を試作して衝撃強度を測定し, 最も有効な添加剤を決定し, ついで, この添加剤の添加量を水準として変更して最適添加量を決定したとしよう. この方法は**単因子逐次実験**と呼ばれ, 実験効率が悪いだけでなく, 最適水準を見逃すおそれがある（**付録 A** を参照）.

複数の因子を同時に取り上げる実験では, データに影響を与える効果の大き

さが，他の因子の水準によって異なることもある．これを**交互作用効果**[3]（交互作用）と呼び，主効果とは分けて評価する．因子 A, B 間の交互作用は $A \times B$ と書く．2元配置実験では，それぞれの因子の主効果と2因子間の交互作用効果を含めた要因効果の有無や大きさを評価し，最適条件の組合せを求めることを目的とする．

4.2.1 主効果と交互作用効果

2つの因子 A, B の水準数をそれぞれ a, b とする．ab 個の処理をランダムに $n(\geqq 2)$ 回繰り返す実験を考える．

処理 A_iB_j での k 番目の確率変数 Y の実現値を $y_{ijk}(i=1, 2, \cdots, a ; j=1, 2, \cdots, b ; k=1, 2, \cdots, n)$ とすると，データの構造は，

$$y_{ijk}=\mu+\alpha_i+\beta_j+(\alpha\beta)_{ij}+e_{ijk}, \quad e_{ijk}\sim N(0, \sigma^2) \tag{4.2.1}$$

と書ける．ここで，α_i や β_j は1元配置での主効果 α_i と同じであり，

$$\sum_{i=1}^a \alpha_i=0, \quad \sum_{j=1}^b \beta_j=0 \tag{4.2.2}$$

の制約条件が付帯する．2元配置実験での A_iB_j 条件での処理効果は，因子 A, B による主効果，交互作用効果[4] $(\alpha\beta)_{ij}(i=1, 2, \cdots, a ; j=1, 2, \cdots, b)$ を含んでいる．

$$T_{ij\bullet}=\sum_{k=1}^n y_{ijk}, \ T_{i\bullet\bullet}=\sum_{j=1}^b \sum_{k=1}^n y_{ijk}, \ T_{\bullet j\bullet}=\sum_{i=1}^a \sum_{k=1}^n y_{ijk} \tag{4.2.3}$$

$$T=\sum_{i=1}^a \sum_{j=1}^b \sum_{k=1}^n y_{ijk} \tag{4.2.4}$$

$$\sum_{i=1}^a (\alpha\beta)_{ij}=\sum_{j=1}^b (\alpha\beta)_{ij}=0 \tag{4.2.5}$$

---

3) 実験計画法でいう交互作用とは，一般にいう相互作用や相乗効果ではないので注意しよう．**第1章**で述べたように，変量因子は水準に再現性がないので，変量因子と変量因子，変量因子と母数因子の間の交互作用は誤差とみなすのが自然である．本章および**第5章**では，母数因子間の交互作用を取り扱う．

4) $A \times B$ の交互作用とは，他の因子(B)の水準によって当該因子(A)の効果が変わることをいう．一方，他の因子(B)の水準によって変化しない当該因子(A)の効果が主効果である．A, B を入れ替えても同じことがいえる．

ここで，それぞれの和の意味を式(4.2.3)，式(4.2.4)に示す．また，$(\alpha\beta)_{ij}$ について，式(4.2.5)の制約条件が付帯する．

4.2.2 2元配置実験における平方和の分解

2元配置実験における平方和の計算は1元配置実験の平方和の考え方をもとに計算できるので，数式は省略し，A $(a=3)$ 水準，B $(b=4)$ 水準，繰返し n $(=2)$ 回の実験で計算方法を例示する．

[**手順1**]　A と B を組み合わせた $A_1B_1 \sim A_3B_4$ をそれぞれ $AB_1 \sim AB_{12}$ の 12 水準の因子 AB とみなすと，因子 AB の繰返し $n=2$ 回の1元配置実験と見ることができる．したがって，式(4.1.27)～式(4.1.29)により式(4.2.6)が得られ，S_{AB} と S_e が計算できる．S を ϕ に変えれば自由度も同様に計算できる．

$$S = S_{AB} + S_e, \quad \phi = \phi_{AB} + \phi_e \tag{4.2.6}$$

[**手順2**]　因子 A の1元配置実験で繰返し $bn=8$ 回の実験と見ると，[手順1]と同様にして式(4.2.7)が得られ，S_A と ϕ_A が計算できる．

$$S = S_A + S_{残り}, \quad \phi = \phi_A + \phi_{残り} \tag{4.2.7}$$

[**手順3**]　因子 B の1元配置実験で繰返し $an=6$ 回の実験と見ると，[手順1]と同様にして式(4.2.8)が得られ，S_B と ϕ_B が計算できる．

$$S = S_B + S_{残り}, \quad \phi = \phi_B + \phi_{残り} \tag{4.2.8}$$

[**手順4**]　交互作用 $A \times B$ の平方和は，[手順1]，[手順2]，[手順3]の結果を用いて，式(4.2.9)を $S_{A \times B}$ について解いた式から計算できる．

$$S_{AB} = S_A + S_B + S_{A \times B}, \quad \phi_{AB} = \phi_A + \phi_B + \phi_{A \times B}, \quad または： \quad \phi_{A \times B} = \phi_A \times \phi_B \tag{4.2.9}$$

[**手順5**]　結果として，総平方和 S は式(4.2.10)の形に直交分解される．

$$S = S_A + S_B + S_{A \times B} + S_e, \quad \phi = \phi_A + \phi_B + \phi_{A \times B} + \phi_e \tag{4.2.10}$$

この計算ができるのは，直交計画となっている場合だけである．1元配置実験の繰返し数が同じ場合と異なる場合，2元配置実験の繰返し数が等しい場合はいずれも直交計画である．ただし，2元配置実験以上では，繰返し数が異なる場合は，特別の場合を除き，一般に直交計画とはならない．

繰返しのある 3 元配置以上の平方和の計算においても，

$$S = S_{ABC} + S_e = (S_{AB} + S_C + S_{AB \times C}) + S_e$$
$$= (S_A + S_B + S_{A \times B}) + S_C + (S_{A \times C} + S_{B \times C} + S_{A \times B \times C}) + S_e$$

のように考えていけば，同様に計算できる．

4.2.3　分散分析

繰返しのある 2 元配置実験の分散分析の手順を，以下の例題で説明する．

[例題 4.3]

成形品の柔軟性を高めるため，柔軟化剤の種類（因子 A：$a = 3$ 水準）とその添加量（因子 B：$b = 4$ 水準）を取り上げ，各水準での繰返しを $n = 2$ とし，合計 $N = 3 \times 4 \times 2 = 24$ 回の実験をランダムに行った．その結果，**表 4.6** のデータが得られた．分散分析を行ってみよう．

[解答]

[手順 1]　データの構造と制約条件は以下となる．

$$y_{ijk} = \mu + \alpha_i + \beta_j + (\alpha\beta) + e_{ijk}, \quad e_{ijk} \sim N(0, \ \sigma^2)$$

$$\sum_{i=1}^{3} \alpha_i = \sum_{j=1}^{4} \beta_j = \sum_{i=1}^{3} (\alpha\beta)_{ij} = \sum_{j=1}^{4} (\alpha\beta)_{ij} = 0$$

表 4.6　成形品の柔軟性（単位：省略）

柔軟化剤の種類 ＼ 柔軟化剤の添加量	B_1	B_2	B_3	B_4	計
A_1	57	55	59	60	456
	56	57	54	58	
A_2	54	54	54	57	436
	55	53	54	55	
A_3	58	56	60	60	464
	56	58	58	58	
計	336	333	339	348	$T = 1356$

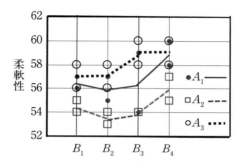

図4.2　データのグラフ化

[**手順2**]　グラフ化と考察

　表4.6 と**図4.2** から，外れ値はなさそうである．因子 A，因子 B の主効果はありそうだが，$A \times B$ の交互作用効果はなさそうである．

[**手順3**]　等分散性の確認→省略

[**手順4**]　平方和と自由度の計算→ **4.2.2項**により計算する．

$$\overline{\overline{y}} = T/N = 1356/(2 \times 3 \times 4) = 56.5$$

$$S = \sum_{i=1}^{a} \sum_{j=1}^{b} \sum_{k=1}^{n} (y_{ijk} - \overline{\overline{y}})^2 = 106, \quad \phi = abn - 1 = 3 \times 4 \times 2 - 1 = 23$$

$$S_{AB} = n\sum_{i=1}^{a} \sum_{j=1}^{b} (\overline{y}_{ij\bullet} - \overline{\overline{y}})^2 = 2 \times \{(-0.5)^2 + 2.5^2 + \cdots + 2.5^2\} = 78$$

$$\phi_{AB} = ab - 1 = 3 \times 4 - 1 = 11$$

$$S_e = S - S_{AB} = 106 - 78 = 28, \quad \phi_e = \phi - \phi_{AB} = 23 - 11 = 12$$

$$S_A = bn\sum_{i=1}^{a} (\overline{y}_{i\bullet\bullet} - \overline{\overline{y}})^2 = 4 \times 2 \times \{(0.5)^2 + (-2)^2 + (1.5)^2\} = 52$$

$$\phi_A = a - 1 = 2$$

$$S_B = an\sum_{j=1}^{b} (\overline{y}_{\bullet j\bullet} - \overline{\overline{y}})^2 = 3 \times 2 \times \{(-0.5)^2 + 1^2 + 0^2 + 1.5^2\} = 21$$

$$\phi_B = b - 1 = 3$$

$$S_{A \times B} = S_{AB} - S_A - S_B = 78 - 52 - 21 = 5, \quad \phi_{A \times B} = \phi_{AB} - \phi_A - \phi_B = 6$$

表 4.7 分散分析表

sv	ss	df	ms	F_0	E(ms)	F_0
A	52	2	26	11.14*	$\sigma^2+8\sigma_A^2$	14.18*
B	21	3	7	3.00	$\sigma^2+6\sigma_B^2$	3.82*
$A \times B$	5	6	0.8333	0.36	$\sigma^2+2\sigma_{A \times B}^2$	
e	28	12	2.3333		σ^2	
e	33	18	1.8333		σ^2	
計	106	23				

[手順5] 分散分析表の作成

分散分析の結果，主効果 A は有意となったが，主効果 B と交互作用 $A \times B$ は有意ではない（表 4.7）．

[手順6] 誤差項へのプーリング

交互作用が有意でない場合，誤差へのプーリングを行うことがある．

[実務に活かせる智慧と工夫] プーリングの目安

以下がプーリングする際の目安である．
① 「F_0 値が 2 以下」ならプールする
② 「有意水準 25% 程度で有意でない」ならプールする
③ 実務では，固有技術的な観点からも検討する

表 4.7 の分散分析表のように，本書では，新しく求めた誤差項での結果を含め，プーリング前後の結果を合体した 1 つの表で表示する．上向き矢印は検定方式を，下向き矢印はプーリングを，それぞれ示す．

[実務に活かせる智慧と工夫] プーリングについて

実務では，要因の最適水準を検討するという要因配置実験のねらいに即して，関連する交互作用が有意か否かに関わらず，主効果が有意でなかっ

た場合でも通常はプーリングを行わない．一方，要因効果の有無を検討する第5章の直交表実験では，そのねらいに即して，関連する交互作用も主効果も有意でないとき，交互作用だけでなく，主効果をプールすることもある．

交互作用を無視することは，$\sigma_{A \times B}{}^2 = 0$ とみなすことであり，$A \times B$ の平方和を誤差項の平方和へプーリングし，新たな誤差項 V_e' を，

$$V_e' = (S_{A \times B} + S_e)/\phi_e', \quad \phi_e' = \phi_{A \times B} + \phi_e \tag{4.2.11}$$

から求め直す．［例題 4.3］で $A \times B$ を無視することにすると，$V_e' = (5 + 28)/(6 + 12) = 1.8333$ となる．プーリング後の分散分析の結果を，表 4.7 では，網掛け部分で示してある．因子 B は，プーリング後では有意になった．分散分析後のデータの構造は，分散分析前の $y_{ijk} = \mu + \alpha_i + \beta_j + (\alpha\beta)_{ij} + e_{ijk}$ から交互作用項を除き，$y_{ijk} = \mu + \alpha_i + \beta_j + e_{ijk}$ とする．

4.2.4 分散分析後の解析

分散分析後に行う母平均や母平均の差の推定では，交互作用効果を無視するかしないかによって，以下に示すように解析法が異なる．この理由は，線形の不偏推定量としては何通りかが考えられる中で，それがもつ分散の最も小さい最良のものを使用するためである[5]．また，誤差分散も，分散分析の結果から無視しない因子だけをデータの構造に残し，その構造のもとで推定する．

［1］ 繰返しのある2元配置実験で，交互作用を無視しないときの処理母平均の推定

① 点推定

交互作用効果を無視しないとき，データの構造は変化しない．したがって，2因子の水準組合せ $A_i B_j$ のもとでの母平均 $\mu(A_i B_j) = \mu + \alpha_i + \beta_j + (\alpha\beta)_{ij}$ の点推定は，式(4.2.12)となる．

5） 3.2.3項で述べた BLUE の考え方である．

$$\hat{\mu}(A_i B_j) = \hat{\mu} + \hat{\alpha}_i + \hat{\beta}_j + \widehat{(\alpha\beta)}_{ij} = \bar{y}_{ij\bullet} \tag{4.2.12}$$

② 100$(1-\alpha)$％信頼区間(参考)

$$[\,\bar{y}_{ij\bullet} - t(\phi_e,\ \alpha)\sqrt{V_e/n}\,,\ \ \bar{y}_{ij\bullet} + t(\phi_e,\ \alpha)\sqrt{V_e/n}\,] \tag{4.2.13}$$

［2］ 繰返しのある2元配置実験で，交互作用を無視するときの処理 母平均の推定

① 点推定

交互作用効果を無視するときのデータの構造は，式(4.2.14)である．よって，2因子の水準組合せ $A_i B_j$ のもとでの母平均は，$\bar{y}_{ij\bullet}$ ではなく式(4.2.15)で推定する[6]．

$$y_{ijk} = \mu + \alpha_i + \beta_j + e_{ijk},\ e_{ijk} \sim N(0,\ \sigma^2) \tag{4.2.14}$$

$$\hat{\mu}(A_i B_j) = \hat{\mu} + \hat{\alpha}_i + \hat{\beta}_j = (\hat{\mu} + \hat{\alpha}_i) + (\hat{\mu} + \hat{\beta}_j) - \hat{\mu} = \bar{y}_{i\bullet\bullet} + \bar{y}_{\bullet j\bullet} - \bar{\bar{y}} \tag{4.2.15}$$

② 100$(1-\alpha)$％信頼区間(参考)

$\hat{\mu}(A_i B_j)$ の分散を式(4.2.15)から求めると，式(4.2.16)が得られる．

$$\begin{aligned}\hat{\mu}(A_i B_j) &= \bar{y}_{i\bullet\bullet} + \bar{y}_{\bullet j\bullet} - \bar{\bar{y}} \\ &= (\mu + \alpha_i + \bar{e}_{i\bullet\bullet}) + (\mu + \beta_j + \bar{e}_{\bullet j\bullet}) - (\mu + \bar{\bar{e}}) \\ &= (\mu + \alpha_i + \beta_j) + (\bar{e}_{i\bullet\bullet} + \bar{e}_{\bullet j\bullet} - \bar{\bar{e}}) \end{aligned} \tag{4.2.16}$$

$$\widehat{Var}[\hat{\mu}(A_i B_j)] = Var[\bar{y}_{i\bullet\bullet} + \bar{y}_{\bullet j\bullet} - \bar{\bar{y}}] = \widehat{Var}[\bar{e}_{i\bullet\bullet} + \bar{e}_{\bullet j\bullet} - \bar{\bar{e}}] \tag{4.2.17}$$

しかし，式(4.2.17)の $\bar{e}_{i\bullet\bullet}$，$\bar{e}_{\bullet j\bullet}$，$\bar{\bar{e}}$ は，例えば，e_{ijk} が共通に含まれており，互いに独立ではない．そのため，点推定量の分散を σ^2/n_e と置き，n_e を**有効反復数**と呼ぶ．これを求めるためのルールには，

　ⓐ 伊奈の式

　　　$1/n_e =$ 点推定の式で，各合計にかかっている係数の和　　　(4.2.18)

6）$\bar{y}_{ij\bullet}$ の分散は σ^2/n であるが，式(4.2.15)の分散は，$\{(a+b-1)/abn\}\sigma^2$ である．よって，後者のほうが分散は小さい．

$$\therefore \frac{1}{n} - \frac{a+b-1}{abn} = \frac{ab-(a+b-1)}{abn} = \frac{(a-1)(b-1)}{abn} > 0$$

ⓑ 田口の式

$$1/n_e = [1 + (無視しない要因の自由度の和)]/全実験数 \quad (4.2.19)$$

の2つがあり，どちらを用いても結果は同じである．例えば，$\bar{y}_{i\cdot\cdot} + \bar{y}_{\cdot j\cdot} - \bar{\bar{y}}$ の分散を求める際，伊奈の式を用いると，$\bar{y}_{i\cdot\cdot}$, $\bar{y}_{\cdot j\cdot}$, $\bar{\bar{y}}$ はそれぞれ bn, an, abn 個のデータの平均であるから，式(4.2.15)の ± をそのまま用いて，

$$\frac{1}{n_e} = \frac{1}{bn} + \frac{1}{an} - \frac{1}{abn} = \frac{a+b-1}{abn}$$

となる．田口の式を用いても，同一の，

$$\frac{1}{n_e} = \frac{1 + (a-1) + (b-1)}{abn} = \frac{a+b-1}{abn}$$

を得る．よって，$\mu(A_i B_j)$ の $100(1-\alpha)$％信頼区間は式(4.2.20)となる．

$$[\bar{y}_{i\cdot\cdot} + \bar{y}_{\cdot j\cdot} - \bar{\bar{y}} - t(\phi_e', \alpha)\sqrt{V_e'/n_e}, \ \bar{y}_{i\cdot\cdot} + \bar{y}_{\cdot j\cdot} - \bar{\bar{y}} + t(\phi_e', \alpha)\sqrt{V_e'/n_e}]$$
$$(4.2.20)$$

[3] 繰返しのある2元配置で交互作用を無視しないとき，処理間の母平均の差の推定($i \neq i', j \neq j'$)

水準組合せ $A_i B_j$ と $A_{i'} B_{j'}$ との母平均の差 $\mu(A_i B_j) - \mu(A_{i'} B_{j'})$ を推定する．

① 点推定

$$\hat{\mu}(A_i B_j) - \hat{\mu}(A_{i'} B_{j'}) = \bar{y}_{ij\cdot} - \bar{y}_{i'j'\cdot} \quad (4.2.21)$$

② $100(1-\alpha)$％信頼区間（参考）

$\mu(A_i B_j) - \mu(A_{i'} B_{j'})$ のデータの構造は，式(4.2.22)である．

$$\mu(A_i B_j) - \mu(A_{i'} B_{j'}) = (\alpha_i - \alpha_{i'}) + (\beta_j - \beta_{j'}) + \{(\alpha\beta)_{ij} - (\alpha\beta)_{i'j'}\} + (\bar{e}_{ij\cdot} - \bar{e}_{i'j'\cdot})$$
$$(4.2.22)$$

式(4.2.22)において，$\bar{e}_{ij\cdot}$ と $\bar{e}_{i'j'\cdot}$ は互いに独立であるから，その分散は，

$$Var[\hat{\mu}(A_i B_j) - \hat{\mu}(A_{i'} B_{j'})] = 2 \times V_e/n$$

となる．よって，式(4.2.23)の $100(1-\alpha)$％信頼区間を得る．

$$[\bar{y}_{ij\cdot} - \bar{y}_{i'j'\cdot} - t(\phi_e, \alpha)\sqrt{2V_e/n}, \ \bar{y}_{ij\cdot} - \bar{y}_{i'j'\cdot} + t(\phi_e, \alpha)\sqrt{2V_e/n}] \quad (4.2.23)$$

［4］　繰返しのある 2 元配置実験で交互作用を無視するとき，処理間の母平均の差の推定 ($i \neq i'$, $j \neq j'$)

① 点推定

$$\widehat{\mu}(A_iB_j) - \widehat{\mu}(A_{i'}B_{j'}) = (\overline{y}_{i\cdot\cdot} - \overline{y}_{i'\cdot\cdot}) + (\overline{y}_{\cdot j\cdot} - \overline{y}_{\cdot j'\cdot}) \tag{4.2.24}$$

② $100(1-\alpha)$% 信頼区間（参考）

水準組合せ A_iB_j と $A_{i'}B_{j'}$ の母平均の差 $\mu(A_iB_j) - \mu(A_{i'}B_{j'})$ を推定する場合，$(\overline{y}_{i\cdot\cdot} - \overline{y}_{i'\cdot\cdot})$ と $(\overline{y}_{\cdot j\cdot} - \overline{y}_{\cdot j'\cdot})$ は，見かけ上はそのように見えないが，結果的に独立で，

$$\widehat{Var}[\widehat{\mu}(A_iB_j) - \widehat{\mu}(A_{i'}B_{j'})] = \widehat{Var}[\overline{y}_{i\cdot\cdot} - \overline{y}_{i'\cdot\cdot}] + \widehat{Var}[\overline{y}_{\cdot j\cdot} - \overline{y}_{\cdot j'\cdot}]$$
$$= \{2/(bn) + 2/(an)\}V_e' \tag{4.2.25}$$

となる．したがって，式 (4.2.26) の $100(1-\alpha)$% 信頼区間を得る．

$$[\overline{y}_{i\cdot\cdot} - \overline{y}_{i'\cdot\cdot} + \overline{y}_{\cdot j\cdot} + \overline{y}_{\cdot j'\cdot} - t(\phi_e', \alpha)\sqrt{\{2/(bn) + 2/[an]\}V_e'},$$
$$\overline{y}_{i\cdot\cdot} - \overline{y}_{i'\cdot\cdot} + \overline{y}_{\cdot j\cdot} + \overline{y}_{\cdot j'\cdot} + t(\phi_e', \alpha)\sqrt{\{2/(bn) + 2/[an]\}V_e'}] \tag{4.2.26}$$

［例題 4.4］

［例題 4.3］のデータについて，最適水準および最適水準と現行条件 A_1B_1 との差を推定してみよう．ただし，交互作用を無視した場合について示す．

［解答］

［手順 1］　データの構造は，$y_{ijk} = \mu + \alpha_i + \beta_j + e_{ijk}$, $e_{ijk} \sim N(0, \sigma^2)$ である．特性値は大きいほうがよいとすると，最適水準は，表 4.6 より，A は A_3, B は B_4, すなわち，A_3B_4 である．

［手順 2］　点推定

$$\widehat{\mu}(A_3B_4) = \overline{y}_{3\cdot\cdot} + \overline{y}_{\cdot 4\cdot} - \overline{\overline{y}} = 464/8 + 348/6 - 1356/24 = 59.5$$

［手順 3］　95% 信頼区間（参考）

$$\frac{1}{n_e} = \frac{1}{8} + \frac{1}{6} - \frac{1}{24} = \frac{3+4-1}{24} = \frac{6}{24} = \frac{1}{4}$$

$t(18, 0.05) = 2.101$ より，$59.5 \pm 2.101\sqrt{1.8333/4} = (58.1, 60.9)$ となる．

［手順 4］　最適水準 A_3B_4 と現行条件 A_1B_1 との母平均の差の点推定

$$\widehat{\mu}(A_3B_4) - \widehat{\mu}(A_1B_1) = (\widehat{\mu} + \widehat{\alpha}_3 + \widehat{\beta}_4) - (\widehat{\mu} + \widehat{\alpha}_1 + \widehat{\beta}_1) = (\widehat{\alpha}_3 - \widehat{\alpha}_1) + (\widehat{\beta}_4 - \widehat{\beta}_1)$$
$$= (\overline{y}_{3\cdot\cdot} - \overline{y}_{1\cdot\cdot}) + (\overline{y}_{\cdot 4\cdot} - \overline{y}_{\cdot 1\cdot}) = (464-456)/8 + (348-336)/6 = 3.0$$

[**手順 5**]　最適水準 A_3B_4 と現行条件 A_1B_1 との母平均の差の区間推定（参考）

有効反復数（伊奈の式）　$\dfrac{1}{n_e}=\dfrac{2}{8}+\dfrac{2}{6}=\dfrac{6+8}{24}=\dfrac{7}{12}$

95％信頼区間：$3.0\pm2.101\sqrt{1.8333\times(7/12)}=[0.8,\ 5.2]$

4.2.5　繰返しのない2元配置実験

この配置は，交互作用がないか，小さいことがわかっている場合に繰返しのない2元配置実験が用いられることがある．例題で簡単に説明しておく．

[**例題 4.5**]

化学品の収率を高めるため，触媒の種類 A，反応時間 B をそれぞれ3水準，4水準とり，検討することになった．因子 A と因子 B の間には交互作用が小さいことがわかっているので，合計 $N=3\times4=12$ 回の繰返しのない2元配置実験を計画した．実験をランダムに行った結果，**表 4.8** のデータが得られた．分散分析を行ってみよう．

[**解答**]

[**手順 1**]　交互作用が小さいことがわかっているため，これを誤差に含めると，データの構造と制約条件は以下となる．

$$y_{ij}=\mu+\alpha_i+\beta_j+e_{ij},\ \ e_{ij}\sim N(0,\ \sigma^2),\ \sum_{i=1}^{3}\alpha_i=\sum_{j=1}^{4}\beta_j=0$$

表 4.8　化学品の収量（単位：省略）

触媒の種類 ＼ 反応時間	B_1	B_2	B_3	B_4	計
A_1	98	85	74	79	336
A_2	77	72	65	68	282
A_3	86	80	68	72	306
計	261	237	207	219	$T=924$

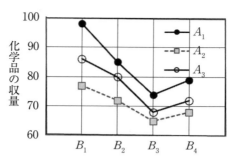

図4.3 データのグラフ化

[**手順2**] グラフ化と考察

図**4.3**から，題意にあるように交互作用はなさそうだが，因子A，Bの主効果はありそうである．

[**手順3**] 各水準組合せで繰返しがないので，等分散の確認は行えない．

[**手順4**] 平方和と自由度の計算

$$\overline{\overline{y}} = \frac{924}{12} = 77$$

$$S = \sum_{i=1}^{a}\sum_{j=1}^{b}(y_{ij} - \overline{\overline{y}})^2 = \{(98-77)^2 + (85-77)^2 + \cdots + (72-77)^2\} = 964$$

$$\phi = ab - 1 = 3 \times 4 - 1 = 12 - 1 = 11$$

$$S_A = b\sum_{i=1}^{a}(\overline{y}_i. - \overline{\overline{y}})^2 = 4\{7^2 + (-6.5)^2 + (-0.5)^2\} = 366$$

$$\phi_A = a - 1 = 3 - 1 = 2$$

$$S_B = a\sum_{j=1}^{b}(\overline{y}._j - \overline{\overline{y}})^2 = 3 \times \{10^2 + 2^2 + (-8)^2 + (-4)^2\} = 552$$

$$\phi_B = b - 1 = 4 - 1 = 3$$

$$S_e = S - S_A - S_B = 964 - 366 - 552 = 46, \quad \phi_e = \phi - \phi_A - \phi_B = 11 - 2 - 3 = 6$$

[**手順5**] 分散分析表の作成

分散分析の結果（**表4.9**），主効果A，Bともに有意となった．分散分析後のデータの構造は，$y_{ij} = \mu + \alpha_i + \beta_j + e_{ij}$のままで変わらない．

表 4.9　分散分析表

sv	ss	df	ms	F_0	$E(ms)$
A	366	2	183	23.87*	$\sigma^2+4\sigma_A{}^2$
B	552	3	184	24.00*	$\sigma^2+3\sigma_B{}^2$
e	46	6	7.6667		σ^2
計	964	11			

分散分析後の解析は省略するが，**4.2.4 項**で，$n=1$ と置いて交互作用を無視した場合と同様に考えればよい．

4.3　多元配置実験

2 つの因子を取り上げ，すべての因子の水準の組合せについて実験をランダムに行い，データをとるのが 2 元配置実験であった．ここで，因子の数を 3 つにした場合を 3 元配置実験，4 つにした場合を 4 元配置実験といい，因子が 3 つ以上の場合をまとめて多元配置実験という．

［実務に活かせる智慧と工夫］　多元配置実験と直交表実験

要因配置実験では，因子数や水準数が多くなるにつれて実験数が飛躍的に増大するため，実際に多元配置法で実験・測定することは，技術的，時間的，経済的に難しい場合がある．例えば，3 元配置実験で A を 3 水準，B を 4 水準，C を 3 水準，繰返し 2 回の実験を行うとすると，総実験回数は $3\times4\times3\times2=72$ 回となる．しかも，この 72 回の実験をランダムに行わなければならない．因子によっては水準の設定変更に時間と費用のかかることも多い．

そこで，多元配置実験を行うことが困難な場合には，主効果と特定の 2 因子交互作用に注目した**第 5 章**の直交表実験などを使用し，不必要に実験回数が増えることがないようにして，必要とする情報を得る実験計画とするほうが実務的である．

4.4　補遺

　データをグラフ化し，そこから交互作用の有無の概略を知ることができる．
2水準の場合で交互作用の現れ方を例示する．また，プーリングの目的につい
て補足する．

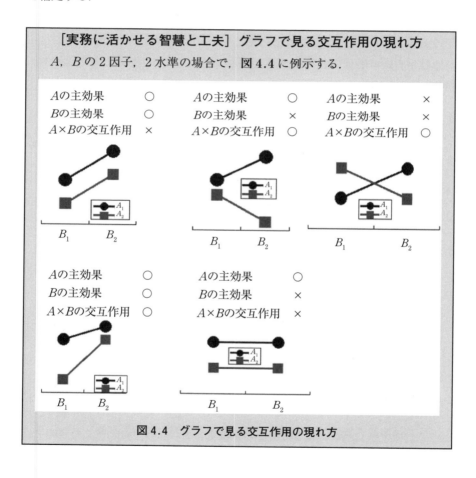

図4.4　グラフで見る交互作用の現れ方

［実務に活かせる智慧と工夫］プーリングの目的

[1]　プーリングの目的

① モデルを簡単にして，現場活用での見通しをよくする．

② 誤差の自由度を大きくして，要因の検出力を高める．

[2]　プーリングにおける注意

① プーリングするか否かは自由である．

② プーリングする場合は，1回だけである．

③ 数理統計的に厳密にいえば，プーリングする前の分散分析表が正しいものであるが，実務上は，プーリングした後の分散分析表も正しいものとしてよい．

第5章
直交表による実験

　要因配置実験では，因子数が多くなるにつれて実験数は飛躍的に増大する．多数の実験を実施できる場合でも，実験の場を均一に保つことが困難となって，結果として誤差が大きくなってしまったのでは，かえって悪い結果を招いてしまう．とはいえ，実際の場面では因子数を絞りたくない場合も多く，同時に多くの因子を取り上げて要因効果を検討する実験が必要となる．

　そこで，求める情報を主効果と特定の2因子間交互作用に絞って，なるべく少数の実験で必要最低限度の情報を得るという実験計画が望まれる．このようなときに有効な手段を与えるのが直交表を用いた直交実験である．

　第7章で，Yates（イエツ）の方法を用いて Excel により計算する方法を解説するので，本章では，直交表の成り立ち，特質・利点とその活用法の理解に努めていただきたい．理論面は，実務への適用と並行して理解を深めていけばよい．

5.1　直交表の導入と考え方

　直交計画という見地から，直交表の利点について考えてみよう．例として，上皿天秤を用いて試料 W_1 の質量を測定することを考える．測定には誤差を伴う．天秤が正確であるとすると，誤差の大きさは分銅の刻みに依存する．左辺を左の皿，右辺は右の皿に対応させる．

$$w_1 = y_1 + e_1, \quad y_1：分銅の質量，\quad e_1：測定の誤差 \qquad (5.1.1)$$

　式(5.1.1)のデータの構造において，上皿天秤を用いて何度測定しても精度は上がらない．n 回測定しても，誤差が独立でないため，分散は小さくならない[1]．

　そこで，もう 1 つ別の試料 W_2 を用意する．試料が 2 つになると，独立な測り方が 2 通りに増える．すなわち，W_1 と W_2 を左側の皿にのせ，分銅を右側の皿にのせる場合と，W_1 を左側の皿にのせ，W_2 を右側の皿にのせ，軽いほうに分銅をのせる方法の 2 つである．ここで，分銅は右の皿にのせた場合をプラス，左の皿にのせた場合をマイナスと定義する．式で表すと，式 (5.1.2) となり，この連立方程式を解けば，w_1 と w_2 の質量が求まり，その分散は式 (5.1.3) となり，2 回測定に相当する $\sigma^2/2$ になる．

$$\left.\begin{array}{l} w_1+w_2=y_1+e_1,\quad y_1：1 回目の分銅の質量，e_1：1 回目の測定の誤差 \\ w_1=w_2+y_2+e_2,\quad y_2：2 回目の分銅の質量，e_2：2 回目の測定の誤差 \end{array}\right\}$$
$$(5.1.2)$$

$$\left.\begin{array}{l} w_1=[(y_1+y_2)+(e_1+e_2)]/2,\quad Var(w_1)=Var[(e_1+e_2)/2]=\sigma^2/2 \\ w_2=[(y_1-y_2)+(e_1-e_2)]/2,\quad Var(w_2)=Var[(e_1-e_2)/2]=\sigma^2/2 \end{array}\right\}$$
$$(5.1.3)$$

　同様に，試料が 4 つになった場合の量り方をデータの構造で示すと，式 (5.1.4)〜式 (5.1.7) となり，この連立方程式を解けばよい．ここで，[ ] 内は各 w_i をすべて左辺に移したものである．

$$w_1+w_2+w_3+w_4=y_1+e_1,\quad [w_1+w_2+w_3+w_4=y_1+e_1] \qquad (5.1.4)$$
$$w_1+w_2=w_3+w_4+y_2+e_2,\quad [w_1+w_2-w_3-w_4=y_2+e_2] \qquad (5.1.5)$$
$$w_1+w_3=w_2+w_4+y_3+e_3,\quad [w_1-w_2+w_3-w_4=y_3+e_3] \qquad (5.1.6)$$
$$w_1+w_4=w_2+w_3+y_4+e_4,\quad [w_1-w_2-w_3+w_4=y_4+e_4] \qquad (5.1.7)$$

　これを，例えば w_1 について解くと式 (5.1.8) となり，4 回測定で分散は $\sigma^2/4$ となる．$w_2〜w_4$ も同様である．

$$w_1=\frac{\sum y_i+\sum e_i}{4},\quad Var(w_1)=\frac{Var(\sum e_i)}{16}=\frac{(\sigma^2+\sigma^2+\sigma^2+\sigma^2)}{16}=\frac{\sigma^2}{4}$$
$$(5.1.8)$$

　ここで，w_1 を μ，w_2 を α，w_3 を β，w_4 を $(\alpha\beta)$ に置き換えると，誤差 e はプラ

1）　**第 2 章**で述べたように，誤差が互いに独立なら n 回の測定で誤差分散は σ^2/n となる．

スマイナスを入れ替えても一般性を失わないから，例えば，式(5.1.4)は式
(5.1.9)となり，後述する L_4 直交表のデータの構造である式(5.2.10)に対応す
る．式(5.1.5)〜式(5.1.7)についても同様である．式(5.1.9)では，制約条件
$\alpha_1+\alpha_2=0$ から，$\alpha_1=\alpha$，$\alpha_2=-\alpha$ と置いていることに注意されたい．β，$(\alpha\beta)$
についても同様である．

$$y_1=\mu+\alpha+\beta+(\alpha\beta)+e_1=\mu+\alpha_1+\beta_1+(\alpha\beta)_{11}+e_1 \qquad (5.1.9)$$

**無計画に実験してしまうと，式(5.1.8)のように分散が $\sigma^2/4$ にならないばか
りか，連立方程式自体が解けないことにもなってしまう．しかし，直交表を用
いれば，機械的に直交計画ができあがる．**

5.2 2ⁿ型要因配置実験

ここでは 2ⁿ型要因配置実験から直交表を導出する．2水準系直交表には多く
の種類があり，$L_4(2^3)$，$L_8(2^7)$，$L_{16}(2^{15})$，$L_{32}(2^{31})$，$L_{64}(2^{63})$ などの直交表があ
る．また，3水準系，4水準系などの直交表もある．しかしながら，**5.6節**の
多水準法(擬水準法)を含めて2水準系を理解しておけば，実務的には十分であ
る．また，2水準系を理解すれば，他の直交表の理解もたやすくなるので，本
章では2水準系の直交表を中心に述べる．

[1] 2因子各2水準の要因配置実験

一番簡単な数値例として，A，B の2因子(各2水準)について，繰返しのな
い2元配置実験を考えると，データは表5.1の2元表にまとめることができる．

表 5.1 *A B* 2 元表(*a*=2, *b*=2, *N*=ab=4)

	B_1	B_2	$T_{i\bullet}$
A_1	18	12	30
A_2	6	4	10
$T_{\bullet j}$	24	16	T=40

$T_2=18$ $\qquad\qquad\qquad\qquad\qquad\qquad\qquad$ $T_1=22$

［2］　平方和の求め方

第4章で示した平方和の計算式を表5.1の数値例にあてはめると，式 (5.2.1) となる．

$$\left.\begin{array}{l}
T=\displaystyle\sum_{i=1}^{2}\sum_{j=1}^{2} y_{ij}=40, \quad \overline{\overline{y}}=\dfrac{T}{N}=\dfrac{40}{4}=10 \\[2mm]
S=\displaystyle\sum_{i=1}^{2}\sum_{j=1}^{2}(y_{ij}-\overline{\overline{y}})^2=8^2+2^2+(-4)^2+(-6)^2=120, \quad \phi=N-1=3 \\[2mm]
S_A=b\displaystyle\sum_{i=1}^{2}(\overline{y}_{i\bullet}-\overline{\overline{y}})^2=2\times\{5^2+(-5)^2\}=100, \quad \phi_A=a-1=1 \\[2mm]
S_B=a\displaystyle\sum_{j=1}^{2}(\overline{y}_{\bullet j}-\overline{\overline{y}})^2=2\times\{2^2+(-2)^2\}=16, \quad \phi_B=b-1=1 \\[2mm]
S_{A\times B}=S-S_A-S_B=120-100-16=4, \quad \phi_{A\times B}=\phi_A\times\phi_B=1
\end{array}\right\}$$

$$(5.2.1)$$

一方，2水準の実験に用いることができる簡単な平方和の求め方がある．それを式 (5.2.2) に示す．

$$\left.\begin{array}{l}
S_x=[T_{(x)1}-T_{(x)2}]^2/N=d_x{}^2/N, \quad \phi_x=1 \\[2mm]
x：因子名, \quad S_x：因子 x の平方和, \quad N：全データ数 \\[2mm]
T_{(x)1}：x の第1水準のデータの和, \quad T_{(x)2}：x の第2水準のデータの和 \\[2mm]
d_x=T_{(x)1}-T_{(x)2}
\end{array}\right\}$$

$$(5.2.2)$$

式 (5.2.2) の S_x の中身を $x=A$ について書き下せば式 (5.2.3) となる．最後の式は，因子 B の各水準での A の効果の平均という主効果の意味を明確に示している．

$$\begin{aligned}
S_A=\frac{d_A{}^2}{N}&=\frac{\{(y_{11}+y_{12})-(y_{21}+y_{22})\}^2}{4}=\frac{\{(18+12)-(6+4)\}^2}{4}=100 \\[2mm]
&=\frac{\{(y_{11}-y_{21})+(y_{12}-y_{22})\}^2}{4} \\[2mm]
&=\left\{\frac{(B_1水準における A の効果)+(B_2水準における A の効果)}{2}\right\}^2
\end{aligned}$$

$$(5.2.3)$$

この考え方を $S_{A\times B}$ の計算式へ拡張し，表5.1で右下がりの方向の対角要素

(18 と 4)，左下がりの方向の対角要素(12 と 6)を，それぞれ，$A \times B$ の第 1，第 2 水準と定めると，式(5.2.2)は交互作用にも適用できる．$d_{A \times B}$は交互作用効果を表すが，2 水準系の実験では主効果と同様，あたかも 1 つの 2 水準の因子とみなせる．

すなわち，式(5.2.4)から式(5.2.5)が得られ，式(5.2.5)は，因子 B の水準間での A の効果の違い(差)という交互作用効果の意味を明確に示している．

$$d_{A \times B} = (y_{11} + y_{22}) - (y_{12} + y_{21}) = T_1 - T_2 = (y_{11} - y_{21}) - (y_{12} - y_{22}) \quad (5.2.4)$$

$$S_{A \times B} = \left\{ \frac{(B_1 水準における A の効果) - (B_2 水準における A の効果)}{2} \right\}^2$$

$$= \frac{\{(y_{11} - y_{21}) - (y_{12} - y_{22})\}^2}{4}$$

$$= \frac{\{(y_{11} + y_{22}) - (y_{12} + y_{21})\}^2}{4} = \frac{d_{A \times B}^2}{N} = \frac{\{(18 + 4) - (12 + 6)\}^2}{4} = 4$$

$$(5.2.5)$$

[3]　2^{n}型要因配置実験での要因効果

表 5.1 におけるデータの構造は式(5.2.6)で，2^{n}型要因配置実験におけるデータの構造モデルは，一般に，分散分析モデル，あるいは，実験計画法モデルと呼ばれ，制約条件として式(5.2.7)を伴う．

$$y_{ij} = \mu + \alpha_i + \beta_j + (\alpha\beta)_{ij} + e_{ij}, \quad (i, j = 1, 2), \quad e_{ij} \sim N(0, \sigma^2) \quad (5.2.6)$$

$$\left. \begin{array}{l} \alpha_1 + \alpha_2 = 0, \quad \beta_1 + \beta_2 = 0 \\ (\alpha\beta)_{11} + (\alpha\beta)_{12} = 0, \quad (\alpha\beta)_{21} + (\alpha\beta)_{22} = 0 \\ (\alpha\beta)_{11} + (\alpha\beta)_{21} = 0, \quad (\alpha\beta)_{12} + (\alpha\beta)_{22} = 0 \end{array} \right\} \quad (5.2.7)$$

式(5.2.8)のように置けば，式(5.2.7)の制約条件を用いて式(5.2.9)のように書くことができる．これを式(5.2.6)にあてはめれば，式(5.2.10)といった同等(等価)の表現が導かれる．

$$\alpha = \alpha_1, \quad \beta = \beta_1, \quad \alpha\beta = (\alpha\beta)_{11} \quad (5.2.8)$$

$$\left.\begin{array}{l}\alpha_1=\alpha, \quad \alpha_2=-\alpha, \quad \beta_1=\beta, \quad \beta_2=-\beta \\ (\alpha\beta)_{11}=(\alpha\beta)_{22}=\alpha\beta \qquad (交互作用としての第1水準) \\ (\alpha\beta)_{12}=(\alpha\beta)_{21}=-\alpha\beta \qquad (交互作用としての第2水準)\end{array}\right\} \quad (5.2.9)$$

$$y_{ij}=\mu\pm\alpha\pm\beta\pm\alpha\beta+e_{ij} \qquad (i, j=1, 2) \tag{5.2.10}$$

データの総計と式(5.2.2)の d_A を式(5.2.10)で表すと，制約条件を用いて，

$$\left.\begin{array}{l}T=(y_{11}+y_{12}+y_{21}+y_{22})+(e_{11}+e_{12}+e_{21}+e_{22}) \\ \quad =4\mu+(e_{11}+e_{12}+e_{21}+e_{22})=N\mu+(誤差) \\ d_A=T_{(A)1}-T_{(A)2}=(y_{11}+y_{12})-(y_{21}+y_{22}) \\ \quad =4\alpha+(e_{11}+e_{12}-e_{21}-e_{22})=N\alpha+(誤差)\end{array}\right\} \quad (5.2.11)$$

同様に，

$$d_B=N\beta+(誤差), \quad d_{A\times B}=N\alpha\beta+(誤差)$$

が得られ，μ の推定値は式(5.2.12)で，$\alpha,\ \beta,\ \alpha\beta$ の各推定値は式(5.2.13)で与えられる．

$$E[T]=N\mu, \quad \widehat{\mu}=\frac{T}{N}=\frac{40}{4}=10 \tag{5.2.12}$$

$$\left.\begin{array}{l}E[d_A]=N\alpha, \quad \widehat{\alpha}=\dfrac{d_A}{N}=\dfrac{(30-10)}{4}=5 \\[2mm] E[d_B]=N\beta, \quad \widehat{\beta}=\dfrac{d_B}{N}=\dfrac{(24-16)}{4}=2 \\[2mm] E[d_{A\times B}]=N\alpha\beta, \quad \widehat{\alpha\beta}=\dfrac{d_{A\times B}}{N}=\dfrac{(22-18)}{4}=1\end{array}\right\} \quad (5.2.13)$$

また，分散は以下のように推定できる $(N=4)$．

$$\left.\begin{array}{l}Var[\widehat{\mu}]=Var\left[\dfrac{T}{N}\right]=Var\left[\dfrac{e_{11}+e_{12}+e_{21}+e_{22}}{N}\right]=\dfrac{N\sigma^2}{N^2}=\dfrac{\sigma^2}{N}=\dfrac{\sigma^2}{4} \\[3mm] Var[\widehat{\alpha}]=Var\left[\dfrac{d_A}{N}\right]=Var\left[\dfrac{e_{11}+e_{12}-e_{21}-e_{22}}{N}\right]=\dfrac{N\sigma^2}{N^2}=\dfrac{\sigma^2}{N}=\dfrac{\sigma^2}{4}\end{array}\right\}$$

$$(5.2.14)$$

同様にして，$Var[\widehat{\beta}]=Var[\widehat{\alpha\beta}]=\dfrac{\sigma^2}{N}=\dfrac{\sigma^2}{4}$ となる．

式(5.2.2)から $E[e_i]=0$，$\phi_x=1$ に注意して各平方和の期待値を求めると式

(5.2.15)が得られ，**4.1.1 項**の最後に述べた $E[ms]$ の書き下しルールがここでもあてはまっている.

$$
\left.
\begin{aligned}
E[V_A] &= E[S_A] = E[d_A{}^2/N] = E[4\alpha + (e_{11} + e_{12} - e_{21} - e_{22})]^2/4 \\
&= E[e_{11} + e_{12} - e_{21} - e_{22}]^2/4 + 4\alpha^2 = \sigma^2 + 4\alpha^2 = \sigma^2 + 2\sigma_A{}^2 \\
&= \sigma^2 + (N/2)\sigma_A{}^2 \quad \{\because \phi_A = 1, \quad \sigma_A{}^2 \equiv \sum \alpha_i{}^2/\phi_A = (N/2)\alpha^2\} \\
E[V_B] &= E[S_B] = E[d_B{}^2/N] = \sigma^2 + 2\sigma_B{}^2 = \sigma^2 + (N/2)\sigma_B{}^2 \\
E[V_{A \times B}] &= E[S_{A \times B}] = E[d_{A \times B}{}^2/N] = \sigma^2 + \sigma_{A \times B}{}^2 = \sigma^2 + (N/2^2)\sigma_{A \times B}{}^2 \\
&\quad \{\because \phi_{A \times B} = 1, \quad \sigma_{A \times B}{}^2 \equiv \sum\sum (\alpha\beta)_{ij}{}^2/\phi_{A \times B} = N(\alpha\beta)^2\}
\end{aligned}
\right\}
$$

$$(5.2.15)$$

［4］　母平均の推定と誤差平方和

式(5.2.10)の形で A_iB_j 条件での母平均 μ_{ij} を推定すると，式(5.2.16)となる.

$$\widehat{\mu}_{ij} = \widehat{\mu} + \widehat{\alpha}_i + \widehat{\beta}_j + \widehat{(\alpha\beta)}_{ij} = \widehat{\mu} \pm \widehat{\alpha} \pm \widehat{\beta} \pm \widehat{\alpha\beta} \qquad (5.2.16)$$

この様子(データの構造)を，具体的な数値として**図5.1**に示した.

この場合，全自由度は 3 であり，ϕ_A，ϕ_B，$\phi_{A \times B}$ の各自由度は 1 であるから，誤差の自由度は 0 となる. したがって，式(5.2.16)で $\widehat{\mu}_{ij}$ は元のデータ y_{ij} に一致する. 交互作用が存在せず，$\alpha\beta = 0$ の場合には $\pm\alpha\beta$ の項が消えて，それが**誤差**となる. すなわち，$S_e = 4 \times (\pm 1)^2 = 4$ となり，S_e は形式上 $S_{A \times B}$ で求めることができる. なお，$\sigma_{A \times B}{}^2 = 0$ であるので，式(5.2.15)より $E[S_e] = E[V_e] = \sigma^2$ となる.

$y_{ij} =$	$\widehat{\mu}_{ij}$		$=$	$\widehat{\mu}$		$+$	$\widehat{\alpha}$		$+$	$\widehat{\beta}$		$+$	$\widehat{\alpha\beta}$	
	B_1	B_2		B_1	B_2		B_1	B_2		B_1	B_2		B_1	B_2
A_1	18	12	$=$	10	10	$+$	5	5	$+$	2	-2	$+$	1	-1
A_2	6	4		10	10		-5	-5		2	-2		-1	1

図5.1　データの構造(誤差フリーのとき)

5.3 $L_4(2^3)$ 型直交表

5.3.1 要因配置実験から直交表へ

表5.1の AB 2元表の別の表現,**表5.2**を考えよう.水準記号"1"は第1水準,"−1"は第2水準を示すものとする.表5.2には重要なポイントが3つある.

① 3つの列 $(A,\ B,\ A \times B)$ の各列の水準記号はそれぞれその和が0となっている.

② 任意の2列の水準記号の積の和もそれぞれ0となっている.これは各列に対応する要因 $A,\ B,\ A \times B$ が互いに直交していることを意味する[2].

③ A の水準記号と B の水準記号を乗じてみると $A \times B$ の水準記号となり,「**A かける B**」という交互作用の表記を直観的に表している.

表5.2 AB 2元表の別の表現($L_4(2^3)$ 型直交表に対応)

列番号	(1)	(2)	(3)	
要因 実験No.	A	B	$A \times B$	data
1	1	1	1	$y_{11}=18$
2	1	−1	−1	$y_{12}=12$
3	−1	1	−1	$y_{21}=6$
4	−1	−1	1	$y_{22}=4$
水準記号の和	0	0	0	$T=40$

---

2) 数理統計学では,これを直交対比と呼んでいる[3].

表 5.3 $L_4(2^3)$ 型直交表

列番号	(1)	(2)	(3)	data
要因 実験No.	A	B	$A \times B$	
1	1	1	1	y_{11}
2	1	2	2	y_{12}
3	2	1	2	y_{21}
4	2	2	1	y_{22}
基本表示	a	b	ab	

[$L_4(2^3)$ 型直交表]

　表 5.2 の水準記号 "-1" を "2" に書き換えれば，**表 5.3** となる．これを $L_4(2^3)$ 型直交表という．

　式(5.2.16)では α, β, $\alpha\beta$ までを考えたが，考えを発展させ，α, β, $\alpha\beta$, γ, $\alpha\gamma$, $\beta\gamma$, $\alpha\beta\gamma$ を考えれば，後述する表 5.5 の $L_8(2^7)$ 型直交表となる．さらに，$L_{16}(2^{15})$, $L_{32}(2^{31})$, …と，より大きな直交表を作っていくことができる．表 5.3，表 5.4，表 5.5 の基本表示は，2^n 型要因配置実験の主効果や交互作用効果を表すギリシャ文字をアルファベットに置き換えたものにあたる．

　$L_4(2^3)$ 直交表には，列が 3 列あり，左から順に(1)，(2)，(3)と列番号を付ける．例えば，因子 A, B はそれぞれ(1)，(2)列の水準記号に従って水準を変化させて実験する．このことを「**因子 A を(1)列に，因子 B を(2)列に割付ける**」という．必然的に，交互作用 $A \times B$ は(1)，(2)列以外の残りの(3)列に現れることになる．

5.4　2水準系直交表の性質と種類

　2 水準系で最も小さい直交表は，表 5.4 左図に示す $L_4(2^3)$ 型直交表(一般には $L_N(2^{N-1})$ 型直交表)であり，その表記の意味を表 5.4 右図に示した．

表 5.4　$L_4(2^3)$ 型直交表と直交表の表記

列番号	(1)	(2)	(3)	data
要因	A	B	$A \times B$	
実験No.				
1	1	1	1	y_1
2	1	2	2	y_2
3	2	1	2	y_3
4	2	2	1	y_4
基本表示	a	b	ab	
群番号	1 群	2 群		

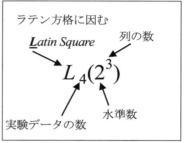

　水準記号は，その列に割付けられた要因の水準を表す．例えば(1)列に要因 A，(2)列に因子 B を割付けたとき，実験No.1 の実験データ y_1 は $A_1 B_1$ で，実験No.2 の実験データ y_2 は $A_1 B_2$ で，それぞれ実験される．**実験No.と実験順序は別**で，**4.1.1 項**で述べたように，実験順序はランダマイズ(無作為化)する．なお，実験を実施するときは，主効果の水準組合せを決めるだけでよく，交互作用の水準を考慮する必要はない．

　基本表示は成分ともいい，主として交互作用がどの列に現れるかを知るために用いる．例えば，(1)列に因子 A，(2)列に因子 B を割付けたとき，列の基本表示を見ると，(1)列は a，(2)列は b である．したがって，$A \times B$ の現れる列は，A と B の基本表示である a と b とをかけた ab を基本表示としてもつ列，すなわち，(3)列が交互作用の列となる．

　(1)列に因子 A，(3)列に因子 B を割付けた場合，$A \times B$ の現れる列は，a と ab とをかけた $a^2 b$ を基本表示としてもつ列となるが，$a^2 b$ を基本表示としてもつ列はない．このようなときには，「べき乗の数を 2 で割ったときの余り」というルールを適用し，$a^4 = a^2 = a^0 = 1$，$a^3 = a^1 = a$ などと考え，$a^2 b = b$，すなわち，(2)列が求める交互作用の列となる．

　2 水準系直交表の性質を以下にまとめておく．このような性質をもつ直交表を用いれば，多因子の直交実験の計画を簡単に組むことができる．

　① 直交表の各列には各水準記号 1，2 が同数回ずつ現れる．

② ある列の水準記号，例えば第1水準だけを考えると，その水準ではその列以外のどの列においても各水準記号1，2が同数回ずつ現れる．

③ **群番号**は列の区分を表し，群が増えるごとに基本表示に新しい文字が現れてくる．

④ 直交表の各列は，その列に割付けられた要因の効果を反映する．

⑤ 直交表の列や行をそっくり入れ換えてもこの関係は不変である．

5.5　2水準系直交表への割付け方法

$L_N(2^{N-1})$型直交表で，(j)列の要因効果がなく，$E[S_{(j)}]=\sigma^2$とみなせるなら，(j)列は誤差を表すことになる．

$N-1$個の列に対応するすべての要因が無視できるときは，総平方和$S=\Sigma S_{(j)}$について$E[S]=(N-1)\sigma^2$であり，自由度$N-1$で誤差分散が評価される．これはN回ともすべて同一の処理条件で実験してデータを得た場合の実験の場の変動を表し，そのような場のもとに実験因子を割付けて要因効果の比較を行うのが直交表実験である．

表5.5のL_8直交表ですべての列の要因の割付けの欄に誤差eを書いてあるのはこのためである．したがって，例えば因子Aを割付けるに際し，因子を割付けていないという出発点に立つと，すべての列が誤差を表すのであるから，どの列に割付けてもよい．ただし，因子を何も割付けていない列を少なくとも1列は確保することが必要で，このような列を**誤差列**と呼ぶ．誤差列の平方和（誤差列が複数ある場合は各誤差列の平方和の和）を誤差平方和とし，推定・検定における誤差を見積もる．

5.5.1　基本表示による割付け方法

交互作用がないときとあるときに分けて，**表5.5**に示した$L_8(2^7)$直交表で説明する．本章で述べる**直交表実験では，交互作用は特記しない限り2因子間交互作用だけを考える**[3]．

すでに述べたように，表5.5にはすべての列の要因の割付けの欄に誤差eを

表 5.5　$L_8(2^7)$ 直交表

「交互作用がない場合」の割付け例①（上）と同②（下）

列番号	(1)	(2)	(3)	(4)	(5)	(6)	(7)	data	因子の水準組合せ
要因	C			B		A			
実験No.	e	e	e	e	e	e	e		
1	1	1	1	1	1	1	1	y_1	$A_1B_1C_1$
2	1	1	1	2	2	2	2	y_2	$A_2B_2C_1$
3	1	2	2	1	1	2	2	y_3	$A_2B_1C_1$
4	1	2	2	2	2	1	1	y_4	$A_1B_2C_1$
5	2	1	2	1	2	1	2	y_5	$A_1B_1C_2$
6	2	1	2	2	1	2	1	y_6	$A_2B_2C_2$
7	2	2	1	1	2	2	1	y_7	$A_2B_1C_2$
8	2	2	1	2	1	1	2	y_8	$A_1B_2C_2$
基本表示	a	b	ab	c	ac	bc	abc		
群番号	1群	2群		3群					

列番号	(1)	(2)	(3)	(4)	(5)	(6)	(7)
要因		D	A			C	B
実験No.	e	e	e	e	e	e	e

書いているが，やや煩雑である．各列が誤差を含むことを忘れないことを前提に，実務では e の表記を省略してよい．

［1］　交互作用がないとき

どの列にどの因子を割付けるかは自由であるが，因子を各列に無作為（ラン

3）　実務では，3因子間以上の交互作用はほとんど現れないこと，また，技術的な解釈が困難となることがその理由である．

ダム)に割付けることが肝要である．表5.5を例にして説明する．

　① A，B，C(各2水準)の主効果の検出

　必要とする自由度は合計3であるから，L_8直交表($\phi=7$)に割付け可能と考えられる．ランダムに割付けた結果，(6)列にA，(4)列にB，(1)列にCといった割付けになり，表5.5の上に割付け例①として示した．残された4列は誤差列で，誤差平方和($\phi_e=4$)を形成する．この実験計画は，繰返しのない3元配置実験と同じであり，3つの因子の水準組合せ($2^3=8$通り)すべてが実験される．

　② A，B，C，D(各2水準)の主効果の検出

　必要とする自由度は合計4である．これもL_8直交表に割付け可能と考えられる．ランダムに割付けた結果，(3)列にA，(7)列にB，(6)列にC，(2)列にDといった割付けになり，表5.5の下に割付け例②として示した．割付け例①と異なり，実験計画は繰返しのない4元配置実験と同じではない．4因子の水準組合せ$2^4=16$通りすべてが実験されるわけではなく，半分の8回しか実験されないからである．これを1/2実施(一般には**一部実施**)という．しかし，16個の実験の中から意図なく8個を選んで実験しても，必ずしも直交実験にはならない．**取り上げたすべての因子の要因効果が検出できるように直交した8実験を選ぶ必要がある**．しかし，直交表を用いることで，自然に実現できる．

［2］　交互作用があるとき

　交互作用を考慮する場合は，割付けた因子(主効果と交互作用)が互いに同一列に重ならないように注意が必要となる．例をあげて説明する．

　① A，B，C，D(各2水準)の主効果とA×B，B×Cの交互作用の検出

　必要とする自由度は合計6である．L_8直交表に入ると考えられる．交互作用を考慮する場合，交互作用のある因子から割付けを開始する．例えば，最初の因子としてAを選んだとすると，Aをランダムに選んだ列に割付ける(Bでも Cでもよい)．

　仮に(2)列がAになったとする．次の因子Bも残りの6列の中からランダム

に選ぶ．仮に(7)列が B になったとする．$A \times B$ を考慮するので，次の因子の
割付けに入る前に，$A \times B$ の交互作用が現れる列を求める．基本表示を利用し
て，$(2) \times (7) = b \times abc = ab^2c = ac$ であるから，$A \times B$ は，(5)列に現れること
になる．よって，(5)列には他の要因が重ならないようにしなければならない．
次に，すでに割付けの終わっている因子 B と交互作用のある因子 C をそうで
ない因子 D の前に割付ける．因子 C は A，B，$A \times B$ を割付けた3列以外で
ランダムに選ぶ．仮に (1) 列に C を割付けたとすると，$B \times C$ は $abc \times a =$
$a^2bc = bc$ となって(6)列に現れることになる．因子 D は残る2列のどちらかを
ランダムに選ぶ．(3)列になったとすると，残る(4)列が誤差列であり，実験は
1/2 実施である．

　②　A，B，C，D(各2水準)の主効果と $A \times B$，$C \times D$ の交互作用の検出

　必要とする自由度は合計6であるから，L_8直交表に入ると考えられる．①
と同様に(2)列に A，(7)列に B を割付けたとすると $A \times B$ は(5)列に現れる．
(1)列に C，(3)列に D を割付けたとすると，$C \times D$ は $a \times ab = a^2b = b$ となって
(2)列に現れることになり，因子 A と重なってしまう．

　これを主効果 A と交互作用効果 $C \times D$ の2つの要因が同じ列に**交絡する(別
名をもつ)**といい，この状況で実験を行うと，A と $C \times D$ の効果を区別して求
めることができない．C，D をどのように割付けても $C \times D$ は，A，B，$A \times B$
のどれかの要因と重なる．この実験計画は，自由度では L_8直交表に割付けら
れるように見えるが，実際には不可能である．もう1つ大きな L_{16}直交表への
割付けが必要である．

　③　すべての交互作用の存在が否定できない A，B，C，D(各2水準)の主
　　効果の検出

　L_8直交表に割付けたいが，$A \times B$，$A \times C$，$A \times D$，$B \times C$，$B \times D$，$C \times D$ の
すべての交互作用の存在も否定できない．**すべての交互作用を検出するために
は，L_8直交表では不可能なことは自由度から明らかである．** 前例では，交絡を
避けることを述べたが，ここでは交絡を積極的に利用して交互作用同士を交絡
させ，4つの主効果だけは交絡させずに検出することを考える．

　L_8直交表の基本表示は，奇数個の文字からなるものと偶数個の文字からなるものに分かれている．奇数個の文字の基本表示の4列にそれぞれ4つの因子（主効果）を割付けると，6つの各交互作用の現れる列は奇数個の基本表示をもつもの同士をかける結果，偶数個の文字数の基本表示をもつ．よって，奇数個の文字の基本表示の列に割付けられた因子間のすべての交互作用は，偶数個の文字数の基本表示の列に現れ，表5.6の割付け例①のように主効果と交互作用の交絡は起こらない．

　また，L_8直交表の基本表示を見ると，文字は a, b, c の3種が使われているが，例えば，文字 c を基本表示に含む列は4列（第3群）ある．この4列に4つの因子を割付けると，6つの交互作用の現れる列は，前述した $c^2=1$ のルールによって，基本表示に c を含まない．すなわち，表5.6の割付け例②のように主効果と交互作用間の交絡は生じない．c の代わりに a, b をとっても同様である．

　いずれの場合も誤差列はないが，交互作用が交絡した3列の平方和のうち，固有技術的な判断も加味して，小さいものは交互作用効果がないものとして（誤差とすることによって），主効果の検定を行うことができる．また，従来の実験の場の誤差が知られているときにはその数値を用い，誤差の自由度を∞と考え検定することもできる（5.7節[2]の囲みを参照）．

　実験は1/2実施である．もちろん，L_{16}直交表を用いれば，すべての要因を(1)～(15)列に割付けることが可能である．

　表5.6の割付けは Resolution Ⅳ（レゾルーション フォー）の割付けといい，

表5.6　L_8直交表　主効果だけは交絡させない割付け例

列番号	(1)	(2)	(3)	(4)	(5)	(6)	(7)
割付け例①	A	B	$A \times B$ $C \times D$	C	$A \times C$ $B \times D$	$A \times D$ $B \times C$	D
割付け例②	$A \times B$ $C \times D$	$A \times C$ $B \times D$	$A \times D$ $B \times C$	A	B	C	D
基本表示	a	b	ab	c	ac	bc	abc

実務では利用価値が高いので，改めて**5.7節**で解説する.

④ A，B，C，D，F，G（各2水準）の主効果と $A \times B$，$A \times C$，$A \times D$，$B \times C$，$B \times D$，$F \times G$ の各交互作用の検出

必要な自由度の合計は12であるから，L_{16}直交表に割付け可能と考えられる. 基本表示を用いて割付けてみよう. 実務においては，因子の割付けは前述したようにランダムに行うが，後述する標準線点図の説明での便宜上，A を(1)列，B を(2)列，C を(4)列，D を(8)列に割付けたとする. 必要とする A，B，C，D 間の交互作用の現れる列(3)，(5)，(6)，(9)，(10)を除く(7)，(11)，(12)，(13)，(14)，(15)列の6列の中に，基本表示が p，q，pq の関係にある3列が見出せないか，若干の試行錯誤をすることになる. その結果，(7)，(11)，(12)列がこの関係を満たし，**表5.7** の割付けが可能となる.

5.5.2　標準線点図を用いる方法

交互作用を考慮する場合の割付けには，線点図も利用できる. 線点図は，田口玄一が考案したもので，主効果を「点」で，2因子交互作用を2つの主効果を結ぶ「線分」で表したものである. 各種の直交表に対する**標準線点図**の詳細を**付表6**に掲載してある. **図5.2**には，L_8，L_{16}直交表の標準線点図の代表的なものを示した.

割付けようとする因子（主効果）と交互作用から**必要とする線点図**（図5.3の ▭ 部）を書き，標準線点図の中にそれを満足するものがあればそのまま用いればよい[4]. 5.5.1節④の例に対しては，図5.2右の L_{16}直交表の五角形星形の標準線点図が近いようであるものの，必要な線点図を満足する構造はこの

表5.7　L_{16}直交表

列番号	(1)	(2)	(3)	(4)	(5)	(6)	(7)	(8)	(9)	(10)	(11)	(12)	(13)	(14)	(15)
要因	A	B	$A \times B$	C	$A \times C$	$B \times C$	G	D	$A \times D$	$B \times D$	F	$F \times G$	e	e	e
基本表示	a	b	ab	c	ac	bc	abc	d	ad	bd	abd	cd	acd	bcd	$abcd$

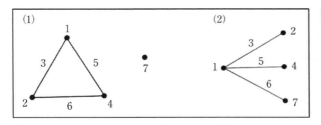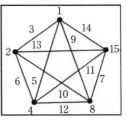

図 5.2　L_8直交表（左）と L_{16}直交表（右）の標準線点図の例

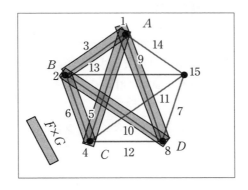

図 5.3　必要な線点図（ □ 部で示す）と図 5.2 右の標準線点図

標準線点図の中には見出せない．すなわち，F, G, $F \times G$ の割付けに必要な 1 本の独立な線分（図 5.3 左下）が取れない．よって，下記の囲みのような工夫が必要となる．

4）　標準線点図を用いるときも，因子の割付けはランダムに行う．実務では，因子名と実因子の対応は固定することが多い．直交表実験は，通常，一部実施であるので，いつも（1）列に *A*，（2）列に *B*，…というふうに割付けると，実験される実験条件組合せと実験されない実験条件組合せが固定されてしまう不具合が生じる．

> ## ［実務に活かせる智慧と工夫］線点図の利用
>
> 　図5.3に示す必要とする線点図が付表6の線点図の中にないからといって，割付けができないとは限らない．標準線点図に代わる必要な線点図を自分で作ればよいが，かえって煩雑となることが多い．したがって，5.5.1節④で述べた基本表示を用いる方法を推奨する．

5.5.3　2水準系直交表の解析方法

　前節のようにして割付けた2水準系直交表実験の解析は，すでに与えられた方法で行うことができる．手計算の方法を以下で解説するが，第7章で述べるExcelによるYatesの計算方法で簡単に計算できる．

[例題5.1]

　金属ラミネート製品の製造において，金属とプラスチックフィルムの密着度（y, 単位省略）を高めるため，A, B, C, D, F, G, H, K（各2水準）の主効果と，$A \times C$, $A \times G$, $G \times H$の交互作用を取り上げた．必要な自由度の合計は

表5.8　割付けと実験データ

列番号	(1)	(2)	(3)	(4)	(5)	(6)	(7)	(8)	(9)	(10)	(11)	(12)	(13)	(14)	(15)	y_i	$y_i - \bar{y}$
要因 実験No.	A	G	$A \times G$	H	F	$G \times H$	D	B				C	$A \times C$		K		
1	1	1	1	1	1	1	1	1	1	1	1	1	1	1	1	95	20
2	1	1	1	1	1	1	1	2	2	2	2	2	2	2	2	57	−18
3	1	1	1	2	2	2	2	1	1	1	1	2	2	2	2	76	1
4	1	1	1	2	2	2	2	2	2	2	2	1	1	1	1	98	23
5	1	2	2	1	1	2	2	1	1	2	2	1	1	2	2	65	−10
6	1	2	2	1	1	2	2	2	2	1	1	2	2	1	1	21	−54
7	1	2	2	2	2	1	1	1	1	2	2	2	2	1	1	51	−24
8	1	2	2	2	2	1	1	2	2	1	1	1	1	2	2	72	−3
9	2	1	2	1	2	1	2	1	2	1	2	1	2	1	2	77	2
10	2	1	2	1	2	1	2	2	1	2	1	2	1	2	1	92	17
11	2	1	2	2	1	2	1	1	2	1	2	2	1	2	1	85	10
12	2	1	2	2	1	2	1	2	1	2	1	1	2	1	2	64	−11
13	2	2	1	1	2	2	1	1	2	2	1	1	2	2	1	97	22
14	2	2	1	1	2	2	1	2	1	1	2	2	1	1	2	91	16
15	2	2	1	2	1	1	2	1	2	2	1	2	1	1	2	79	4
16	2	2	1	2	1	1	2	2	1	1	2	1	2	2	1	80	5
基本表示	a	b	ab	c	ac	bc	abc	d	ad	bd	abd	cd	acd	bcd	$abcd$	$T=1200$	$\sum (y_i - \bar{y})^2 = 6150$
群番号	1群	2群		3群				4群									

11 であり，**表5.8** のように L_{16} 直交表に割付けた．16 回の実験をランダムに実施し，得られたデータ y_i も表5.8 に示した．データの数値は大きいほうがよい．解析してみよう．

[解答]

[手順1]　データの構造

　直交表実験は因子の数が多く，たいていの場合，一部実施でもあるので，データの構造と制約条件は，水準を表す添え字をつけずに，式(5.5.1)のように書く．

$$\left.\begin{array}{l} y = \mu + a + b + c + d + f + g + h + k + (ac) + (ag) + (gh) + e \\ \sum a = \sum b = \sum c = \sum d = \sum f = \sum g = \sum h = \sum k = 0 \\ \sum (ac) = \sum (ag) = \sum (gh) = 0, \quad e \sim N(0, \ \sigma^2) \end{array}\right\} \quad (5.5.1)$$

[手順2]　データのグラフ化

　因子ごとのグラフを**図5.4** に示す．主効果については，A, C, F, G が大きく，B, D, H, K は小さいようだ．交互作用については，$A \times C$, $A \times G$ が大きく，$G \times H$ は小さいように見える．実験データを密度高く有効に使用するという直交表の実験計画においては，グラフを描いて考察することは特に大切である．

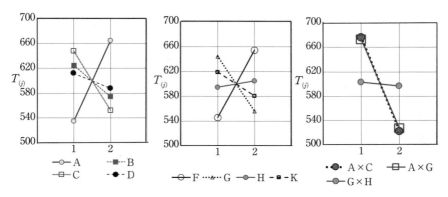

図5.4　データのグラフ化

[手順 3] 平方和と自由度の計算

  ① 平均値

$$T=1200, \quad N=16, \quad \bar{y}=T/N=1200/16=75 \tag{5.5.2}$$

  ② 総平方和

$$S=\sum (y_i-\bar{y})^2=20^2+(-18)^2+\cdots+5^2=6150 \tag{5.5.3}$$

  ③ 平方和の計算のための補助表

表 5.9 より，$\sum S_{(j)}=6150$ となり，表 5.8 で先に計算した S と一致する.

[手順 4] 分散分析表の作成

表 5.10 の分散分析表において，効果の小さい要因 B, D, H, K, $G \times H$ を誤差にプールする．その結果，A, C, F, G, $A \times C$, $A \times G$ が有意となった.

[手順 5] 分散分析後のデータの構造

データの構造は，式(5.5.1)から誤差項にプールした要因を除き，式(5.5.4)に書き換えて以下の解析を行う.

$$\left.\begin{array}{l} y=\mu+a+c+f+g+(ac)+(ag)+e \\ \sum a=\sum c=\sum f=\sum g=0, \quad \sum (ac)=\sum (ag)=0, \quad e\sim N(0, \quad \sigma^2) \end{array}\right\} \tag{5.5.4}$$

[手順 6] 最適条件の決定

表 5.9 より，F の最適水準は F_2，$A \times C$ と $A \times G$ の交互作用を無視しないので，A, C, G の最適水準組合せは，式(5.5.5)ですべての水準組合せにおける母平均を推定して $A_1 C_1 G_1$ となる．よって，最適条件は $A_1 C_1 F_2 G_1$ となる.

$$\left.\begin{array}{l} \hat{\mu}(A_i C_j G_k)=\hat{\mu}+\hat{a}_i+\hat{c}_j+\hat{g}_k+\widehat{(ac)}_{ij}+\widehat{(ag)}_{ik} \\ \qquad=\{\hat{\mu}+\hat{a}_i+\hat{c}_j+\widehat{(ac)}_{ij}\}+\{\hat{\mu}+\hat{a}_i+\hat{g}_k+\widehat{(ag)}_{ik}\}-(\hat{\mu}+\hat{a}_i) \\ \hat{\mu}(A_1 C_1 G_1)=\dfrac{330}{4}+\dfrac{326}{4}-\dfrac{535}{8}=\boxed{97.125}, \quad \hat{\mu}(A_2 C_1 G_1)=75.875 \\ \hat{\mu}(A_1 C_1 G_2)=67.875, \quad \hat{\mu}(A_2 C_1 G_2)=83.125, \quad \hat{\mu}(A_1 C_2 G_1)=65.875 \\ \hat{\mu}(A_2 C_2 G_1)=83.125, \quad \hat{\mu}(A_1 C_2 G_2)=36.625, \quad \hat{\mu}(A_2 C_2 G_2)=90.375 \end{array}\right\} \tag{5.5.5}$$

この計算は，**表 5.11**，**表 5.12** の 2 元表を用いて行うこともあり，これら 2

表5.9 平方和の計算のための補助表

列番号(j)	(1)	(2)	(3)	(4)	(5)	(6)	(7)	(8)	(9)	(10)	(11)	(12)	(13)	(14)	(15)
要因	A	G	$A \times G$	H	F	$G \times H$	D	B				C	$A \times C$		K
$T_{(j)1}$	535	644	673	595	546	603	612	625	614	597	596	648	677	576	619
$T_{(j)2}$	665	556	527	605	654	597	588	575	586	603	604	552	523	624	581
$T_{(j)1}+T_{(j)2}$							すべて 1200								
$d_{(j)}$	−130	88	146	−10	−108	6	24	50	28	−6	−8	96	154	−48	38
$S_{(j)}$	1056.25	484	1332.25	6.25	729	2.25	36	156.25	49	2.25	4	576	1482.25	144	90.25

$$\sum S_{(j)} = 1056.25 + 484 + \cdots + 144 + 90.25 = 6150$$

表5.10 分散分析表

sv	ss	df	ms	F_0	$E(ms)$	F_0
A	1056.25	1	1056.3	21.2*	$\sigma^2 + 8\,\sigma_A^2$	19.4*
B	156.25	1	156.25	3.14	$\sigma^2 + 8\,\sigma_B^2$	
C	576	1	576	11.6*	$\sigma^2 + 8\,\sigma_C^2$	10.6*
D	36	1	36	0.72	$\sigma^2 + 8\,\sigma_D^2$	
F	729	1	729	14.63*	$\sigma^2 + 8\,\sigma_F^2$	13.4*
G	484	1	484	9.72*	$\sigma^2 + 8\,\sigma_G^2$	8.89*
H	6.25	1	6.25	0.13	$\sigma^2 + 8\,\sigma_H^2$	
K	90.25	1	90.25	1.81	$\sigma^2 + 8\,\sigma_K^2$	
$A \times C$	1482.25	1	1482.25	29.8*	$\sigma^2 + 4\,\sigma_{A \times C}^2$	27.2*
$A \times G$	1332.25	1	1332.25	26.7*	$\sigma^2 + 4\,\sigma_{A \times G}^2$	24.5*
$G \times H$	2.25	1	2.25	0.05	$\sigma^2 + 4\,\sigma_{G \times H}^2$	
e	199.25	4	49.81		σ^2	
e	490.25	9	54.47		σ^2	
計	6150					

表5.11 AC2元表

$n=4$	C_1	C_2	計
A_1	330	205	535
A_2	318	○ 347	665
計	648	552	1200

表5.12 AG2元表

$n=4$	G_1	G_2	計
A_1	326	209	535
A_2	318	○ 347	665
計	644	556	1200

元表から最適条件を考えてみると，表5.11からA_2C_2，表5.12からA_2G_2がそれぞれ最適水準組合せとなっている．よって，$A_2C_2G_2$を最適条件と考えてしまいそうだが，この結果は先ほどの結果と一致しない．多くの場合，2元表を用いても正しい結果が得られるが，交互作用が大きいときなどは正しく最適条件が求められないこともある．第7章の逆Yatesの計算では，すべての水準組合せ条件での推定値を計算するので，最適水準を正しく求めることができる．

[手順7]　最適条件における母平均の推定

① 点推定

式(5.5.6)に示すように，交互作用のない因子は単独で，あるものは主効果と一緒にまとめて推定する．そのうえで，推定におけるデータの構造に合うように，適切な加減算を加える（BLUEの考え方による）．

$$\hat{\mu}(A_1C_1F_2G_1)=\hat{\mu}+\hat{a}_1+\hat{c}_1+\hat{f}_2+\hat{g}_1+\widehat{(ac)}_{11}+\widehat{(ag)}_{11}$$
$$=\{\hat{\mu}+\hat{a}_1+\hat{c}_1+\widehat{(ac)}_{11}\}+\{\hat{\mu}+\hat{a}_1+\hat{g}_1+\widehat{(ag)}_{11}\}$$
$$+(\hat{\mu}+\hat{f}_2)-(\hat{\mu}+\hat{a}_1)-\hat{\mu}$$
$$=\frac{330}{4}+\frac{326}{4}+\frac{654}{8}-\frac{535}{8}-\frac{1200}{16}=103.875 \quad (5.5.6)$$

$A \times C$，$A \times G$は表5.1を参照して，ともに交互作用としての第1水準になることに注意し，表5.10の$d_{(j)}$から，以下のように直接求めることもできる．

$$\hat{\mu}(A_1C_1F_2G_1)=\hat{\mu}+\hat{a}_1+\hat{c}_1+\hat{f}_2+\hat{g}_1+\widehat{(ac)}_{11}+\widehat{(ag)}_{11}$$
$$=\{1200+(-130)+96-(-108)+88+154+146\}/16$$
$$=1662/16=103.875 \quad (5.5.7)$$

② 区間推定（参考）

式(5.5.6)を参考に，以下の伊奈の式を用いる．

$$\frac{1}{n_e}=\frac{1}{4}+\frac{1}{4}+\frac{1}{8}-\frac{1}{8}-\frac{1}{16}=\frac{7}{16} \qquad （伊奈の式） \quad (5.5.8)$$

$$\mu_L^U=\hat{\mu}(A_1C_1F_2G_1)\pm t(9,\,0.05)\sqrt{V_e'/n_e}$$
$$=103.875\pm2.262\sqrt{54.47\times7/16}=[92.8,\,114.9] \quad (5.5.9)$$

式(5.5.7)に現れている母数の推定量の分散は，$\hat{\mu}$については式(5.5.10)で

求めることができ，$Var[\hat{a_1}]$，$Var[\widehat{(ac)}_{11}]$ は，式$(5.5.11)$，式$(5.5.12)$で，それぞれ求めることができる．

$$Var[\hat{\mu}] = Var[(y_1 + y_2 + \cdots + y_{16})/16] = (\sigma^2/16^2) \times 16$$
$$= \sigma^2/16 \tag{5.5.10}$$

$(y_1 + \cdots + y_8) - (y_9 + \cdots + y_{16}) = 8(\hat{a_1} - \hat{a_2}) = 16\hat{a_1}$ より，

$$Var[\hat{a_1}] = Var[(y_1 + y_2 + \cdots - y_{15} - y_{16})/16] = 16 \times \sigma^2/16^2 = \sigma^2/16 \tag{5.5.11}$$

$$Var[\widehat{(ac)}_{11}] = Var[(y_1 - y_2 - \cdots + y_{15} - y_{16})/16] = Var[\hat{a_1}] = \sigma^2/16 \tag{5.5.12}$$

他の母数の推定量のいずれも，その分散は $\sigma^2/16$ であり，直交表の性質より，各推定量は互いに独立である．したがって，推定された母平均の分散は，

$$Var[\hat{\mu}(A_1 C_1 F_2 G_1)] = Var[\hat{\mu} + \hat{a_1} + \hat{c_1} + \hat{f_2} + \hat{g_1} + \widehat{(ac)}_{11} + \widehat{(ag)}_{11}]$$
$$= Var[\hat{\mu}] + Var[\hat{a_1}] + Var[\hat{c_1}] + Var[\hat{f_2}]$$
$$+ Var[\hat{g_1}] + Var[\widehat{(ac)}_{11}] + Var[\widehat{(ag)}_{11}]$$
$$= 7 \times (\sigma^2/16) = (7/16)\sigma^2 \tag{5.5.13}$$

となり，式$(5.5.8)$と一致する．もちろん，以下のように，田口の式によっても伊奈の式と同じ結果が得られる．

$$\frac{1}{n_e} = \frac{(1 + \phi_A + \phi_C + \phi_F + \phi_G + \phi_{A \times C} + \phi_{A \times G})}{N} = \frac{7}{16} \quad (\text{田口の式}) \tag{5.5.14}$$

[手順8]　母平均の差の推定

①　点推定

$A_2 B_2 C_2 D_2 F_1 G_1 H_1 K_1$ が現在の製造方法であるとし，最適条件をこれと比較することを考える．B，D，H，K は無視したので，比較条件は $A_2 C_2 F_1 G_1$ となる．制約条件から，$(ac)_{11} = (ac)_{22}$ なので，

$$\hat{\mu}(A_1 C_1 F_2 G_1) - \hat{\mu}(A_2 C_2 F_1 G_1) = \hat{\mu} + \hat{a_1} + \hat{c_1} + \hat{f_2} + \hat{g_1} + \widehat{(ac)}_{11} + \widehat{(ag)}_{11}$$
$$- \{\hat{\mu} + \hat{a_2} + \hat{c_2} + \hat{f_1} + \hat{g_1} + \widehat{(ac)}_{22} + \widehat{(ag)}_{21}\}$$
$$= (\hat{a_1} - \hat{a_2}) + (\hat{c_1} - \hat{c_2}) - (\hat{f_1} - \hat{f_2})$$

$$+[(\widehat{ag})_{11}-(\widehat{ag})_{21}]$$
$$=(d_{(1)}+d_{(12)}-d_{(5)}+d_{(3)})/8$$
$$=\{-130+96-(-108)+146\}/8=27.5$$
$$(5.5.15)$$

式(5.2.16)を参照し，$\hat{\mu}_{ij}=\hat{\mu}\pm\hat{a}\pm\hat{c}\pm\hat{f}\pm\hat{g}\pm(\widehat{ac})\pm(\widehat{ag})$ の形のデータの構造を考えれば，式(5.5.15)の意味が理解できる.

② 区間推定(参考)

$\widehat{Var}[d_{(j)}]=16\hat{\sigma}^2(j=1a^2,\ 12,\ 5,\ 3)$ であるから，式(5.5.15)より以下が得られる.

$$\frac{1}{n_e}=\frac{4}{8^2}\times16=1 \qquad (5.5.16)$$

$$\Delta\mu_L^y=\hat{\mu}(A_1C_1F_2G_1)-\hat{\mu}(A_2C_2F_1G_1)\pm t(9,0.05)\sqrt{V_e'/n_e}$$
$$=27.5\pm2.262\sqrt{54.47\times1}=[10.8,44.2] \qquad (5.5.17)$$

5.6　多水準法(擬水準法の紹介を含む)

2 水準系の直交表で，因子の水準が 2 よりも多いときに適用できないようでは実際の場面で不都合も多い.　このような場合に用いるのが多水準法である.本項を理解すれば，4 水準の因子が混在した場合でも，2 水準系の直交表を利用した応用範囲の広い実験計画が可能となる.　擬水準法については，**5.6.4 項**で簡単に紹介する.

5.6.1　多水準法の考え方

4 水準の因子 P を 2 水準系の直交表に割付ける方法を説明する.　4 水準の因子は自由度が 3 であるので，3 列必要になるが，意図なく選んだ 3 つの列というわけではなく，基本表示が p, q, pq の関係にある 3 列を確保する必要がある.　**表 5.13** の L_8 直交表を用いて説明すると，(1)，(2)，(3)列はこの関係を満たしている.　したがって，この 3 列に 4 水準の因子 P を割付けることができる.　(1)〜(3)列をまとめて考えると，**(1, 1, 1)**，**(1, 2, 2)**，**(2, 1, 2)**，

表5.13 L_8直交表への多水準因子 P の割付け

列番号 要因 実験№	(1)	(2)	(3)	(4)	(5)	(6)	(7)	data	因子の実水準組合せ
		P		A		$P \times A$			
1	1	1	1	1	1	1	1	y_1	P_1A_1
2	1	1	1	2	2	2	2	y_2	P_1A_2
3	1	2	2	1	1	2	2	y_3	P_2A_1
4	1	2	2	2	2	1	1	y_4	P_2A_2
5	2	1	2	1	2	1	2	y_5	P_3A_1
6	2	1	2	2	1	2	1	y_6	P_3A_2
7	2	2	1	1	2	2	1	y_7	P_4A_1
8	2	2	1	2	1	1	2	y_8	P_4A_2
基本表示	a	b	ab	c	ac	bc	abc		

注) 実務上の便宜から，表5.5，表5.8の表記から，群番号を省略している．以下，同様の表記とする．

(2, 2, 1)という水準記号の組合せ[5)] が各2回ずつ現れており，因子 P の4つの水準に相当する．この方法を**多水準法**と呼ぶ．

2水準の因子 A が(4)列に割付けられているときの実際の因子の水準組合せを表5.13の一番右の欄に示す．多水準法を用いた因子 P と2水準の因子 A の間に交互作用があるとすると，$P \times A$ の現れる列は，A を割付けた列の基本表示(c)と因子 P を割付けた列の基本表示(a, b, ab)との積を基本表示としてもつ3列，すなわち，$c \times a = ac \rightarrow$ (5)列，$c \times b = bc \rightarrow$ (6)列，$c \times ab = abc \rightarrow$ (7)列となる．

L_{16}直交表，L_{32}直交表で，それぞれ，(1)〜(7)の7列(3群)，(1)〜(15)の15列(4群)を用いれば，8水準，16水準の因子を割付けることができるが，実務では4水準で十分である．

---

5) この水準記号組合せは，第7章での逆 yates の計算における推定に必要となる．

> **［実務に活かせる智慧と工夫］** L_{16} **直交表での多水準因子の割付け**
>
> 　誤差列を確保する前提で，4水準因子が1つの場合，4水準因子と他の2水準因子との交互作用は2つまで割付け可能である．4水準因子と他の2水準因子の交互作用がない場合，4つまで割付けることができる．

5.6.2　多水準法の平方和の求め方

　多水準因子 P（水準数 p）の平方和 S_P は，**第4章の繰返し数の異なる一元配置のときの式(4.1.34)と同様，式(5.6.1)で求める．式(5.6.1)における添字 "$(i \cdot)$" は，着目する水準，または，水準組合せのデータの数やその平均であることを表す**．

$$S_P = \sum_{i=1}^{a} n_{(i\bullet)}(\overline{y}_{(i\bullet)} - \overline{\overline{y}})^2 \tag{5.6.1}$$

　4水準因子 P の平方和は，割付けに用いた3列の平方和の和に等しく，式(5.6.2)の関係が成り立つ．

$$S_P = S_{(p)} + S_{(q)} + S_{(pq)}, \quad \phi_P = 3 \tag{5.6.2}$$

　一方，$P \times A$ の交互作用の平方和は，式(5.6.3)によって求める．$P \times A$ が割付けられている3列の平方和の和に等しい．

$$\left.\begin{aligned}
S_{P \times A} &= S_{PA} - (S_P + S_A), \quad \phi_{P \times A} = \phi_P \times \phi_A = \phi_{PA} - (\phi_P + \phi_A) = 3 \\
S_{P \times A} &= S_{(pa)} + S_{(qa)} + S_{(pqa)}
\end{aligned}\right\} \tag{5.6.3}$$

5.6.3　多水準法の解析方法

　手計算の方法を以下に解説するが，**第7章で述べる** Excel による Yates の計算で解析できる．

［例題5.2］

　ファインケミカルズの製造において，色調（y：単位省略）を改良するため，A（4水準），B，C，D，F，G，H（各2水準）の主効果と，$A \times C$ の交互作用を

取り上げ，実験することになった．必要な自由度の合計は 12 であり，**表5.14** のように，A に多水準法を利用して L_{16} 直交表に割付けた．データの数値は小さいほうがよい．解析してみよう．

[解答]

[手順1]　データの構造

$$y = \mu + a + b + c + d + f + g + h + (ac) + e \tag{5.6.4}$$

制約条件

$$\left.\begin{array}{l} \sum a = \sum b = \sum c = \sum d = \sum f = \sum g = \sum h = \sum (ac) = 0 \\ e \sim N(0,\ \sigma^2) \end{array}\right\} \tag{5.6.5}$$

[手順2]　データのグラフ化

図5.5より，A, B, C, D の主効果と，$A \times C$ の交互作用は大きそうだが，F, G, H の主効果は小さいようだ．

表5.14　多水準法による L_{16} 直交表への割付け

列番号	(1)	(2)	(3)	Aの実水準	(4)	(5)	(6)	(7)	(8)	(9)	(10)	(11)	(12)	(13)	(14)	(15)	y_i	$y_i-\bar{y}$
要因 (実験No.)	A	A	A	↓		G	B		F	D	H		A×C	A×C	C	A×C		
1	1	1	1	1	1	1	1	1	1	1	1	1	1	1	1	1	5	−20
2	1	1	1	1	1	1	1	1	2	2	2	2	2	2	2	2	39	14
3	1	1	1	1	2	2	2	2	1	1	1	1	2	2	2	2	22	−3
4	1	1	1	1	2	2	2	2	2	2	2	2	1	1	1	1	8	−17
5	1	2	2	2	1	1	2	2	1	1	2	2	1	1	2	2	33	8
6	1	2	2	2	1	1	2	2	2	2	1	1	2	2	1	1	82	57
7	1	2	2	2	2	2	1	1	1	1	2	2	2	2	1	1	50	25
8	1	2	2	2	2	2	1	1	2	2	1	1	1	1	2	2	28	3
9	2	1	2	3	1	2	1	2	1	2	1	2	1	2	1	2	23	−2
10	2	1	2	3	1	2	1	2	2	1	2	1	2	1	2	1	9	−16
11	2	1	2	3	2	1	2	1	1	2	1	2	2	1	2	1	15	−10
12	2	1	2	3	2	1	2	1	2	1	2	1	1	2	1	2	36	11
13	2	2	1	4	1	2	2	1	1	2	2	1	1	2	2	1	5	−20
14	2	2	1	4	1	2	2	1	2	1	1	2	2	1	1	2	10	−15
15	2	2	1	4	2	1	1	2	1	2	2	1	2	1	1	2	19	−6
16	2	2	1	4	2	1	1	2	2	1	1	2	1	2	2	1	16	−9
基本表示	a	b	ab		c	ac	bc	abc	d	ad	bd	abd	cd	acd	bcd	abcd	T=400	$\sum(y_i-\bar{y})^2$=6064

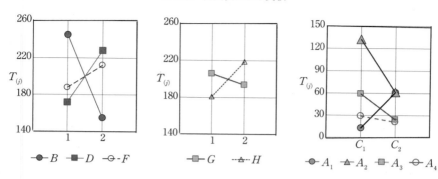

図5.5　データのグラフ化

[手順3]　平方和と自由度の計算

①　平均値

$$T=400, \quad N=16, \quad \bar{y}=T/N=400/16=25 \tag{5.6.6}$$

②　総平方和

$$S=\sum(y_i-\bar{y})^2=(-20)^2+(14)^2+\cdots+(-9)^2=6064 \tag{5.6.7}$$

③　平方和の計算のための補助表

表5.15 より，$\sum S_{(i)}=6064$ となり，表5.14 で計算した S と一致する．

[手順4]　分散分析表の作成

AC 2元表，A，C，$A\times C$ の平方和を**表5.16**，式(5.6.8)にそれぞれ示す．

$$\left.\begin{aligned}
&S_A=S_{(1)}+S_{(2)}+S_{(3)}=1122.25+462.25+1444=3028.5, \quad \phi_A=3\\
&S_C=272.25, \quad \phi_C=1\\
&S_{A\times C}=S_{(12)}+S_{(13)}+S_{(15)}=529+1332.25+25=1886.25, \quad \phi_{A\times C}=3
\end{aligned}\right\}$$

$$\tag{5.6.8}$$

よって，分散分析表は**表5.17** となる．

効果の小さい要因 F, G, H を誤差にプールする．A, B, C, D, $A\times C$ が有意となる（網掛け部分）．

[手順5]　分散分析後のデータの構造

$$y=\mu+a+b+c+d+(ac)+e \tag{5.6.9}$$

表 5.15　平方和の計算のための補助表

列番号	(1)	(2)	(3)	(4)	(5)	(6)	(7)	(8)	(9)	(10)	(11)	(12)	(13)	(14)	(15)
要因	A	A	A	G	B		F	D	H			$A \times C$	$A \times C$	C	$A \times C$
$T_{(j)1}$	267	157	124	206	245	189	188	172	181	201	206	154	127	233	190
$T_{(j)2}$	133	243	276	194	155	211	212	228	219	199	194	246	273	167	210
$T_{(j)1}+T_{(j)2}$						すべて 400									
$d_{(j)}$	134	-86	-152	12	90	-22	-24	-56	-38	2	12	-92	-146	66	-20
$S_{(j)}$	1122.25	462.25	1444	9	506.25	30.25	36	196	90.25	0.25	9	529	1332.25	272.25	25

$$\sum S_{(j)} = 1122.25 + 962.25 + \cdots + 272.25 + 25 = 6064$$

表 5.16　*AC2* 元表

	A_1	A_2	A_3	A_4	計
C_1	○ 13	132	59	29	233
C_2	61	61	24	21	167
計	74	193	83	50	400

表 5.17　分散分析表

sv	ss	df	ms	F_0	$E(ms)$	F_0
A	3028.5	3	1009.5	76.7*	$\sigma^2 + 4\,\sigma_A^2$	34.7*
B	506.25	1	506.25	38.4*	$\sigma^2 + 8\,\sigma_B^2$	17.4*
C	272.25	1	272.25	20.7*	$\sigma^2 + 8\,\sigma_C^2$	9.35*
D	196	1	196.00	14.9*	$\sigma^2 + 8\,\sigma_D^2$	6.73*
F	36	1	36.00	2.73	$\sigma^2 + 8\,\sigma_F^2$	
G	9	1	9.00	0.68	$\sigma^2 + 8\,\sigma_G^2$	
H	90.25	1	90.25	6.85	$\sigma^2 + 8\,\sigma_H^2$	
$A \times C$	1886.25	3	628.75	47.8*	$\sigma^2 + 2\,\sigma_{A \times C}$	21.6*
e	39.5	3	13.17		σ^2	
e	174.75	6	29.125		σ^2	
計	6064	15				

[**手順6**]　最適条件の決定とその条件における母平均の推定

①　点推定

表5.15より，B，Dの最適水準はそれぞれB_2，D_1，表5.16の$AC$2元表から，A，Cの最適水準組合せはA_1C_1である．よって，最適条件は$A_1B_2C_1D_1$である．

$$\hat{\mu}(A_1B_2C_1D_1)=\hat{\mu}+\hat{a}_1+\hat{b}_2+\hat{c}_1+\hat{d}_1+\widehat{(ac)}_{11}$$
$$=[\hat{\mu}+\hat{a}_1+\hat{c}_1+\widehat{(ac)}_{11}]+(\hat{\mu}+\hat{b}_2)+(\hat{\mu}+\hat{d}_1)-2\hat{\mu}$$
$$=13/2+155/8+172/8-2\times400/16=-2.625$$

$$(5.6.10)$$

②　区間推定(参考)

$$\frac{1}{n_e}=\frac{1}{2}+\frac{1}{8}+\frac{1}{8}-\frac{2}{16}=\frac{10}{16}\qquad(伊奈の式)$$

もしくは，

$$\frac{1}{n_e}=\frac{1+\phi_A+\phi_B+\phi_C+\phi_D+\phi_{A\times C}}{N}=\frac{1+3+1+1+1+3}{16}=\frac{10}{16}$$

(田口の式)

で計算した有効反復数を用いる．区間推定は式(5.6.11)となる．

$$\mu_L^U=\hat{\mu}(A_1B_2C_1D_1)\pm t(6,\,0.05)\sqrt{V_e'/n_e}$$
$$=-2.625\pm2.447\sqrt{29.125\times10/16}=[-13.065,\,7.815]\qquad(5.6.11)$$

5.6.4　擬水準法

5.6.1項～5.6.3項で，2水準系の直交表に多水準法を用いて4水準の因子が混在した場合への対応を示した．本項では，3水準の因子に対する対応を簡単に紹介する．

[1]　擬水準法の考え方

2水準系直交表に3水準の因子を割付けるには，まず，5.6.1項の方法で3列を用いて4水準を作成し，そのうちの2つの水準に対して実験予定の3水準

のいずれかを**重複水準**として割付ける．この方法を**擬水準法**と呼ぶ．どの水準を重複させるかは任意であるが，推定精度や結果の実務への応用といった観点から，重要な水準や技術的によいと想定される水準を重複させるとよい．

表5.18の一番右の欄では，(1)〜(3)列による第3水準の$(2, 1, 2)$と第4水準の$(2, 2, 1)$を重複させているが，区別のため，便宜上，これらをP_3，$P_{3'}$と表現してある(多水準における第4水準も第3水準とする)．その結果，第1水準，第2水準ではデータが2個ずつ，第3水準ではデータが4個という形で3水準の因子Pの割付けができ，直交性も保持されている．

2水準の因子Aが(4)列に割付けられているときの実水準組合せを，表5.18の一番右の欄に示す．擬水準法を用いた因子Pと因子Aの間に交互作用があるとすると，多水準法と同じく，$P \times A$の現れる列は，Aを割付けた列と因子Pを割付けた列の基本表示の積を基本表示としてもつ3列，(5)列，(6)列，(7)列となる．

5.6.1項と異なり，因子Pは3水準の因子だから，その自由度は2である．割付けに用いた3列を合計した自由度は3であるから，(1)〜(3)列にはその差に相当する自由度1の誤差成分が入っている．例えば，「表5.18でNo.5,6のデータの和とNo.7,8のデータの和は，誤差がなければ一致するはずであるが，

表5.18　$L_8(2^7)$直交表への擬水準因子Pの割付け

列番号 要因 実験No.	(1)	(2)	(3)	(4)	(5)	(6)	(7)	data	因子の実水準組合せ
		$P(e)$		A		$P \times A(e)$			
1	1	1	1	1	1	1	1	y_1	P_1A_1
2	1	1	1	2	2	2	2	y_2	P_1A_2
3	1	2	2	1	1	2	2	y_3	P_2A_1
4	1	2	2	2	2	1	1	y_4	P_2A_2
5	2	1	2	1	2	1	2	y_5	P_3A_1
6	2	1	2	2	1	2	1	y_6	P_3A_2
7	2	2	1	1	2	2	1	y_7	$P_{3'}A_1$
8	2	2	1	2	1	1	2	y_8	$P_{3'}A_2$
基本表示	a	b	ab	c	ac	bc	abc		

一般に一致しないのは誤差があるから」，と考えればよい．交互作用 $P \times A$ についても同様である．

［2］　擬水準法の平方和の求め方

重複水準のある3水準因子 P の平方和は，擬水準による誤差成分のため，割付けた3列の平方和の和よりも小さいか等しく，式(5.6.12)となる．

$$S_P \leqq S_{(p)} + S_{(q)} + S_{(pq)}, \quad \phi_P = 2 \qquad\qquad (5.6.12)$$

重複水準のある3水準因子 P と2水準因子 A の交互作用 $P \times A$ の平方和も，誤差成分のため，割付けに用いられた3列の平方和の和よりも小さいか等しく，式(5.6.13)となる．

$$S_{P \times A} \leqq S_{(pa)} + S_{(qa)} + S_{(pqa)}, \quad \phi_{P \times A} = \phi_P \times \phi_A = 2 \qquad (5.6.13)$$

［実務に活かせる智慧と工夫］擬水準法の適用について

前述の[1]，[2]では，擬水準法の考え方を簡単に述べたが，実務では擬水準法を使用せず，多水準法で対応することを推奨する．主な理由は，以下の2つである．

① 誤差の自由度が特に小さい場合を除き，擬水準法で生じる誤差を誤差情報とせず，4水準目の要因効果として取り込むほうが実務的には有効・有利である．

② 擬水準法は多水準法に比べ，相当程度，解析手順は煩雑になる．

よって，3水準を想定していた因子であっても，4水準目を意図的に設定し，擬水準を回避するほうが実務的である．

実務では，ほとんどの場合，4水準目を設定することに困難はないと考えられる．計量的因子については4水準目の設定に特別の問題はなく，計数的因子に工夫が必要となる．例えば，触媒の種類が3種類しかないときは，有望な触媒で添加量を変えたものを第4水準とする．また，作業方法，機台・系列，加工機械の種類などは，その中で何らかの条件を変更したものを第4水準とすればよい．

擬水準法は，どうしても4水準目が設定できないごく特別な場合の使用に限定するのが実務的である．擬水準法の詳細は参考文献[3]，[4]を参照されたい．

5.7 Resolution Ⅳの割付け

5.5.1項[2]③の L_8 直交表の例で述べた割付けを Resolution Ⅳの割付けといい，実務では重要である．

[1] 適用場面

検討開始当初は，要因は多数あり，その主効果だけでなく，どの2因子間に交互作用があるかもわからない．結果的に効果がある交互作用は少ない（実務では，通常1割程度）と考えられるが，すべての2因子間交互作用の存在が否定できないような場面を想定する．2因子間交互作用のすべてを推定できなくてもよいが，その存在が主効果の推定に偏りをもたらさないようにしたい．ただし，3因子間以上の交互作用は無視できるとする．

[2] 検定の方法

5.5.1項[2]③でも触れたように，Resolution Ⅳによる実験データの解析（分散分析）においては，しばしば誤差列の存在しない場合が起こるため，下記囲みのように対処する．

[実務に活かせる智慧と工夫] 誤差列が存在しないときの対処

対処法としては，以下の4つがある．

① 誤差列はないが交互作用同士が交絡した列の平方和のうち，固有技術的判断も加味し，小さいものはその列に割付けたすべての交互作用効果はないものとし，これを誤差とみなすことによって，検定を行う．

② 従来の実験の場の誤差が知られていれば，その数値を用い，誤差の自由度を∞として検定する．

③ Half-Normal プロット[11]を用いる．すなわち，要因効果を順序統計量として大きさの順に並べプロットすると，たいていの場合，どこかで折れ曲がる．折れ曲がる前の要因に要因効果はなく，誤差と考える．折れ曲がった後の要因は，要因効果ありと判断する．後述する**図5.6**を参照されたい．

④ L_{16} 直交表の場合，基本表示 d をもつ (8) ～ (15) 列の 8 列 (第 4 群) すべてを用いれば，要因 (主効果) は最大 8 つまで割付けられる．仮に要因が 7 個の場合ならば，残る 1 列には主効果，交互作用のいずれもが入ってこない純粋な誤差列となるので，これを誤差列として分散分析することができる．

［3］ Resolution Ⅳの割付けによる実験

［例題 5.3］

表 5.6 の「割付け例②」の状況を想定し，まず，L_8 直交表での Resolution Ⅳの割付けを採用し，実験を行った (**表 5.19**)．解析手順を以下に示す．

［解答］

［手順 1］ 順序統計量としてプロット

この例題では，誤差列がなく通常の分散分析はできないので，順序統計量として，平方和を大きさの順にプロットする．**図 5.6** より，平方和が比較的大きいのは，A, B, C の主効果と (1) 列 ($A \times B$ と $C \times D$ が交絡) である．ただし，この図は要因効果に代えて平方和を用い，かつ，横軸を等間隔にして描いているので，厳密には，Half-Normal プロットとはいえないが，実務ではこの図で十分機能する．

① 交互作用列の中では，(1) 列の平方和 ($A \times B$ と $C \times D$ が交絡) が大きいようなので，$A \times B$ と $C \times D$ を分離する (交絡の解消，別名の解消という) ための実験を計画する必要がある．

表 5.19 Resolution Ⅳによる当初の L_8直交表の実験

列番号	(1)	(2)	(3)	(4)	(5)	(6)	(7)	data
要因 実験No.	$A \times B$ $C \times D$	$A \times C$ $B \times D$	$B \times C$ $A \times D$	A	B	C	D	
1	1	1	1	1	1	1	1	11.69
2	1	1	1	2	2	2	2	4.85
3	1	2	2	1	1	2	2	11.52
4	1	2	2	2	2	1	1	5.67
5	2	1	2	1	2	1	2	7.62
6	2	1	2	2	1	2	1	4.24
7	2	2	1	1	2	2	1	5.35
8	2	2	1	2	1	1	2	5.10
基本表示	a	b	ab	c	ac	bc	abc	$T = 56.04$

分散分析表-1

sv	ss	df
$A \times C,\ B \times D$	0.0722	1
$A \times D,\ B \times C$	0.5304	1
D	0.5725	1
C	2.1218	1
B	10.2605	1
$A \times B,\ C \times D$	16.3021	1
A	33.2928	1

順序統計量としての平方和

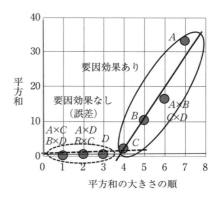

図 5.6 分散分析表と順序統計量としてのプロット

② $A \times C$, $B \times D$, $A \times D$, $B \times C$ の交互作用は小さく，誤差レベルと考えられる．

[手順 2] 交絡した交互作用 $A \times B$ と $C \times D$ の交絡解消の実験

表 5.20 のような $L_4$① ＋$L_4$②の 8 実験を追加する．ただし，交互作用が小さいと思われるほうの L_4直交表実験から実施したほうが得策である．そちらが小さければ，もう一方の交互作用が大きいと考えられるので，追加実験は 4 回(計 12 回)で済む．もし大きければ，残りの L_4直交表実験も実施する必要があり，追加実験は 8 回(計 16 回)となる．この場合，最初からすべての交互作

表5.20　交絡解消のための $L_4$① $+L_4$②の追加実験

$L_4$①

列番号 要因 実験No.	(1) A	(2) B	(3) $A \times B$	data
1	1	1	1	10.89
2	1	2	2	5.63
3	2	1	2	3.25
4	2	2	1	4.16
基本表示	a	b	ab	T=23.93

$L_4$②

列番号 要因 実験No.	(1) C	(2) D	(3) $C \times D$	data
1	1	1	1	3.31
2	1	2	2	1.28
3	2	1	2	1.62
4	2	2	1	1.17
基本表示	a	b	ab	T=7.38

表5.21　$L_4$①, $L_4$②の追加実験の分散分析表

$L_4$①分散分析表

sv	ss	df
A	20.7480	1
B	4.7306	1
$A \times B$	9.5172	1

S=34.9958

$L_4$②分散分析表

sv	ss	df
C	0.8100	1
D	1.5376	1
$C \times D$	0.6241	1

S=2.9717

用を考慮して L_{16}直交表実験を行ったときと同じ16回の実験となる.

　もちろん,交互作用がすべてない場合は最初の L_8直交表実験だけでよく,実験数は計8回となる.そして,実務ではこのケースの可能性が一番高い.

　$L_4$①のデータの和23.93と $L_4$②のデータの和7.38を用いて,$L_4$①と $L_4$②間の平均値の違いに該当する平方和 S_Rは,$S_R = (23.93-7.38)^2/8 = 34.2378$ のように求めることができる.

[手順3]　交絡した交互作用 $A \times B$ と $C \times D$ を分離するための $L_4$①,$L_4$②の解析

　誤差列がないので分散分析はできない.しかし,図5.6で誤差と見られる平方和の大きさから考えて,表5.21 から,平方和が大きいのは,A,B の主効果と $A \times B$ の交互作用である.C,D の主効果と $C \times D$ の交互作用は小さいようだ.

[手順4]　16回の実験としての解析(参考)

表5.22　16回の実験に対する分散分析

分散分析表-1

sv	ss	df	ms	F_0	有意?
W	38.2233	1	38.2233	検定しない	
R	34.2378	1	34.2378	検定しない	
A	54.0408	2	27.0204	89.66	*
B	14.9911	2	7.49555	24.87	*
C	2.9318	2	1.4659	4.86	
D	2.1101	2	1.05505	3.50	
$A \times B$	9.5172	1	9.5172	31.58	*
$C \times D$	0.6241	1	0.6241	2.07	
$A \times B, C \times D$	16.3021	1	16.3021	検定しない	
e	0.6026	2	0.30135		
計	173.5809	15			

L_8直交表実験のデータの総和56.04と，$(L_4①+L_4②)$のデータの総和23.93+7.38＝31.31を用いて，L_8と$(L_4①+L_4②)$間の違いを示す平方和S_Wは，$S_W=(56.04-31.31)^2/16=38.2233$のように求める.

16回の実験の総平方和＝L_8直交表の平方和$S+L_4①$直交表の$S+L_4②$直交表の$S+S_R+S_W$，すなわち，173.5809＝63.1523＋34.9958＋2.9717＋34.2378＋38.2233となっている. 主効果の平方和は，L_8に加え，A, Bは$L_4①$, C, Dは$L_4②$の平方和を加算して自由度2で求める. 因子Aについて書くと，33.2928＋20.7480＝54.0408と求める. 表5.22のようにA, B, $A\times B$が有意となった. C, Dの効果は小さいが，無視できない大きさと見てよい.

[実務に活かせる智慧と工夫] L_{16}直交表としての割付け(参考)

表5.23にL_{16}直交表としての割付けを示す. 特記事項を下記する.

① (1)列のWはL_8直交表と「$L_4①+L_4②$」の平均値の差である.

② (3)列のRは$L_4①$と$L_4②$間の平均値の差である.

③ 表5.23で，上半分の網掛け8実験はL_8部分群, 下半分の網掛け

表5.23　L_{16}直交表としての割付け

列番号	(1)	(2)	(3)	(4)	(5)	(6)	(7)	(8)	(9)	(10)	(11)	(12)	(13)	(14)	(15)	data
要因	W	A×B, C×D		A×C, B×D		A×D, B×C	B(L4)	A(L8)		B(L8)		C(L8)		D(L8)		data
実験No		R		A(L4)				A×B		C(L4)		D(L4)		C×D		
1	1	1	0	1	0	1	0	1	0	1	0	1	0	1	0	11.69
2	1	1	0	1	0	1	0	2	0	2	0	2	0	2	0	4.85
3	1	1	0	2	0	2	0	1	0	1	0	2	0	2	0	11.52
4	1	1	0	2	0	2	0	2	0	2	0	1	0	1	0	5.67
5	1	2	0	1	0	2	0	1	0	2	0	1	0	2	0	7.62
6	1	2	0	1	0	2	0	2	0	1	0	2	0	1	0	4.24
7	1	2	0	2	0	1	0	1	0	2	0	2	0	1	0	5.35
8	1	2	0	2	0	1	0	2	0	1	0	1	0	2	0	5.10
9	2	0	1	0	1	0	0	0	1	0	0	0	0	0	0	10.89
10	2	0	1	0	1	0	0	0	2	0	0	0	0	0	0	5.63
11	2	0	1	0	2	0	0	0	2	0	0	0	0	0	0	3.25
12	2	0	1	0	2	0	0	0	1	0	0	0	0	0	0	4.16
13	2	0	2	0	0	0	0	0	0	0	1	0	1	0	1	3.31
14	2	0	2	0	0	0	0	0	0	0	1	0	2	0	2	1.28
15	2	0	2	0	0	0	0	0	0	0	2	0	1	0	2	1.62
16	2	0	2	0	0	0	0	0	0	0	2	0	2	0	1	1.17
基本表示	a	b	ab	c	ac	bc	abc	d	ad	bd	abd	cd	acd	bcd	abcd	
群番号	1群	2群		3群				4群								

　　8実験は，(3)列のR（$L_4$①と$L_4$②間の平均値の違い），(5)，(7)，(9)列のL_4部分群である$L_4$①，(11)，(13)，(15)列のL_4部分群である$L_4$②となっている．

　　L_{16}直交表を考えたとき，特定の8回（4回）の実験もL_8直交表（L_4直交表）を形成しているとき，L_8部分群（L_4部分群）という．

　④　関係ないところの水準記号は0とする．なお，15列は互いに直交する．

[**例題5.4**]　L_{16}直交表による Resolution IV の割付け

　次の［実務に活かせる智慧と工夫］に示したように割付ける．

> **[実務に活かせる智慧と工夫] L_{16}直交表における Resolution Ⅳの割付け**
>
> L_{16}直交表で Resolution Ⅳ の実験を行うとき，**5.5.1 項**[2]の交互作用があるときの③の L_8直交表と同様に考え，基本表示の文字 d（第 4 群）を用いる．すなわち，(8)～(15)列に 8 因子の主効果を割付けると，すべての 2 因子間交互作用全 28 個は(1)～(7)列に各 4 個ずつ現れる．
>
> どの交互作用が存在するかはわからないとはいえ，**多少の固有技術的な判断が可能なら，存在が予想される交互作用をできるだけ一部の列に集中させるよう，主効果の割付けを工夫する．**

具体的な L_{16}直交表における Resolution Ⅳ の割付けは，例えば**表 5.24** のように，(2)列に交絡した 4 つの交互作用の存在の可能性が高くなるよう因子名と実因子を対応させる．交互作用が交絡した列のうち，平方和が大きくなる列の数を極小化し，できれば 1 つの列に絞るためである．表 5.24 では(2)列に交互作用を集中させている．

L_8直交表実験の場合にならって，交絡した 4 つの当該交互作用ごとに L_4直交表実験を 4 回実施して，交絡した交互作用を分離することが考えられる．L_4直交表実験では各水準でデータ数が 2 個で，同 8 個の L_{16}直交表実験に比べると検出力は低く，効率が悪い．L_8直交表実験を 2 回実施することも考えら

表 5.24 Resolution Ⅳによる当初の L_{16}実験の割付け例

例 実験№	(1)	(2)	(3)	(4)	(5)	(6)	(7)	(8)	(9)	(10)	(11)	(12)	(13)	(14)	(15)
割り付け	$A \times B$	$A \times C$	$A \times D$	$A \times F$	$A \times G$	$A \times H$	$A \times I$	A	B	C	D	F	G	H	I
	$C \times D$	$B \times D$	$B \times C$	$B \times G$	$B \times F$	$B \times I$	$B \times H$								
	$F \times G$	$F \times H$	$F \times I$	$C \times H$	$C \times I$	$C \times F$	$C \times G$								
	$H \times I$	$G \times I$	$G \times H$	$D \times I$	$D \times H$	$D \times G$	$D \times F$								
基本表示	a	b	ab	c	ac	bc	abc	d	ad	bd	abd	cd	acd	bcd	$abcd$

表5.25　交絡解消のための直交表実験による L_{16} 追加実験の一例

例 実験No.	(1)	(2)	(3)	(4)	(5)	(6)	(7)	(8)	(9)	(10)	(11)	(12)	(13)	(14)	(15)
割り付け	$A \times B$	$A \times I$	$A \times G$	$A \times F$	$A \times D$	$A \times C$	$A \times H$	B	A	G	H	D	F	I	C
	$C \times H$	$B \times G$	$B \times I$	$B \times D$	$B \times F$	$B \times H$	$B \times C$								
	$D \times F$	$C \times F$	$C \times D$	$C \times I$	$C \times G$	$D \times G$	$D \times I$								
	$G \times I$	$D \times H$	$F \times H$	$G \times H$	$H \times I$	$F \times I$	$F \times G$								
基本表示	a	b	ab	c	ac	bc	abc	d	ad	bd	abd	cd	acd	bcd	$abcd$

れるが, L_8 直交表実験では, 交絡した交互作用の分離が完全でなく適切でない.

すなわち, 交互作用の交絡解消を図るためには, L_{16} 直交表実験を追加するのが相応しく, 例えば**表5.25**のように, 主効果の割付け列を試行錯誤により調整し, (2) 列に交絡した4つの交互作用の交絡を解消する(一意的ではない).

L_{32} 直交表実験の場合も, L_{16} 直交表実験の場合と同様に考え, 基本表示の文字 e(第5群)を用いるとよい.

[4]　Resolution Ⅳの割付けのまとめ

表5.26 に Resolution Ⅲ, Ⅳ, Ⅴの比較を示す. Resolution Ⅲ は交互作用をすべて無視してしまうので, 実務的には採用しないほうがよい. また, Resolution Ⅴ では実験数が多くなってしまい, やはり採用しづらい. よって, ここで述べた交絡させた交互作用の分離を前提にした Resolution Ⅳ の計画が実務的に好ましい計画であるといえる. ただし, Resolution Ⅲ, Ⅳ, Ⅴにおいては, 3因子間以上の交互作用は無視できる場合を想定している.

5.8　補遺

5.8.1　3水準系直交表について

2水準系直交表では, 多水準法(擬水準法)により, 1つまたは複数の4水準

表5.26　Resolution Ⅲ, Ⅳ, Ⅴの比較

実験の規模	割付け可能な因子の数		
	すべての主効果が推定可能		すべての主効果と2因子間交互作用が推定可能
	2因子間以上の交互作用を無視する Resolution Ⅲ	3因子間以上の交互作用を無視する Resolution Ⅳ	3因子間以上の交互作用を無視する Resolution Ⅴ
L_8	7	4	3
L_{16}	15	8	5
L_{32}	31	16	6
L_{64}	63	32	8

因子（3水準因子）の割付けが可能であった．直交表による実験は，検討すべき因子が多数あるときに，実験の効率化を図り，なるべく少数の実験で必要な情報を得ようとするものであるから，2水準系直交表の適用の場が最も多いと考えられる．

　しかしながら，固有技術の観点から3水準の因子が存在するとき，3水準系の直交表の適用も考えられるが，以下の理由から必ずしも適切とはいえない．

　①　ランダマイズして3水準の実験を行うとき，当然，事前に3水準を設定しておく必要がある．当初から最適水準が間違いなく，設定した3つの水準の中に入っている保証はない．固有技術による予断から設定できたとしても，それが正しいか否かは怪しい．交互作用があれば，なおさらである．しかし，実務的な代案がある．図5.7に示すように，まず，最もよいと考えた水準を含むA_1, A_2の2水準で実施し，そのデータを見てから3つ目の水準を設定する方法である．特性値が望大特性として，第3水準を追加するとしたら，A_3水準ではなく，A_3水準のほうを実験するのが自然だからである．

　②　3水準系の直交表は，2水準系に対して割付けの融通性に劣り，交互作用があれば，その差は拡大する．A, B, $A \times B$の割付けを考えると，L_{16}直交表（全15列）では自由度計は3（3列）必要となるが，L_{27}直交表

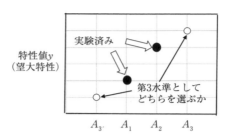

図5.7　3水準目の実験

（全13列）では自由度計8（4列）が必要となる．このように，L_{27}の計画は L_{16} の計画より融通性に劣る．どうしても3水準にしなければならないという因子ばかりではなく，2水準で十分という因子も多い．したがって，必要なものだけを3水準とし，かつ，2水準系で多水準法（擬水準法）を用いるほうが実務的である．3水準系で擬水準法を用いるのは割付けの融通性の点で基本的に損な計画である．よって，L_{32} 直交表，とりわけ，L_{16} 直交表 ×2回は，L_{27} 直交表よりも相当程度好ましい計画といえる．

［実務に活かせる智慧と工夫］2水準系で3水準を実現するもう1つの方法

L_{27} 直交表の1シリーズの実験で打ち切り，さらなる追加実験はできないという場合はほとんどない．よって，L_{27} 直交表で1シリーズの実験を完了させるより，まず，固有技術的に最適と考えられる水準を含む2水準で1シリーズ目の L_{16} 直交表の実験を実施する．

目的が達成できた場合は16回で済む．そうでないときは，よいほうの側に第3水準を設定し，2シリーズ目の L_{16} 直交表の実験を実施する．実験数は32回になり27回より若干増えるが，最適条件を見つけ，そして，交互作用にも着目するという点で，L_{27} 直交表よりも L_{16} 直交表 ×2回の実験のほうが数段優る．

　この場合，無視しない要因の数にもよるが，2 シリーズ目が L_8 直交表で済むなら，実験数も 24 回に削減できる．このように，3 水準系は必ずしも適切といえないことが多い．しかし，交互作用のないことが確実な状況であれば，L_{27} 直交表，そして，2 水準と 3 水準が混在している L_{18} 直交表，L_{36} 直交表などの混合系直交表の使用も可能といえる．

［実務に活かせる智慧と工夫］3 水準とする意味

　触媒の種類など，比較したいものが 3 つある場合，最初はよいと考えられる 2 水準で行い，よかったほうと残りの一つを比較する．最初の 2 水準のどちらかで目標を達成できる場合も多く，実験終了とできる選択肢もある．状況にもよるが，3 水準目のものを取り上げる必要性は低下しているからである．

　なお，5.7 節の［2］の［実務における智慧・工夫］の③にある Half-Normal プロットの 3 水準版としての χ^2 プロット[12] も報告されているので参考にされたい．

5.8.2　実務における注意点

［1］　最適条件について

　直交表は一部実施なので，最適条件が実際に実施した実験条件の中にあるとは限らない．実務では，実測値がないことに一抹の不安を感じてしまう．

［実務に活かせる智慧と工夫］推定値と実測値の比較

　［例題 5.1］では，最適条件が実施した 16 実験の中にある．よって，最適条件での母平均の推定値 $\hat{\mu}(A_1C_1F_2G_1)=103.875$ に対し，この条件での実測値 98 があるので，両者を比較できる．誤差分散の値は $V_e'=54.47$（1σ で $\sqrt{54.47}\cong7.4$）なので，103.875 という推定値は安心できる値であろう．

　一方，[例題 5.2]では，最適条件での母平均 $\hat{\mu}(A_1B_2C_1D_1)=-2.625$ と同条件でとられた実測値がないので，上記の比較はできない．実務では，このようなとき，最適条件で今一度確認実験をすることを励行されたい．

［2］　要因の水準設定について

　上記のように，直交表は一部実施なので，最適条件が実際に実施した実験条件の中にあるとは限らないが，最適条件が実施した実験の中にあれば確認実験を回避できる．

［実務に活かせる智慧と工夫］一部実施ということ

　直交表は一部実施であるので，無視しない要因の水準組合せ条件すべてが実際に実験されるわけではない．しかし，無視しない要因の水準がすべて1である実験 No.1 は必ず実施される．最適条件が実際に実施した実験の中にある確度を上げるには，最適条件が実験 No.1 となればよい．すなわち，固有技術から，交互作用を含め，各要因の水準のうちよい結果を与えると考えられるほうを第1水準に設定しておけばよい．水準設定においては，昇順，降順を意識する必要はないからである．

第6章
Excel 分析ツールの使い方

6.1 Excel による計算方法

第2章〜第4章で述べてきた計算は Excel のデータ分析ツールを用いて行う
ことができる.

6.2 分析ツールの活用

計算の基本手順を以下に示す.

[手順1]　Excel を起動する.

[手順2]*　リボンのタブの「データ」をクリックする.

[手順3]　一番右にある「データ分析」をクリックする.「データ分析」が表
示されない場合は次の囲みの手順でアドインを追加する.

[手順4]　分析ツールのメニューウインドウが開くので,必要なものを選択す
る.

[手順5]　ウィンドウの指示に従って入力し,計算する.

［アドインの追加手順］

[手順1]　リボンの「ファイル」をクリックする.

[手順2]　オプションをクリックする.

[手順3]　アドインをクリックする.

[手順4]　左下の管理の所が「Excel アドイン」となっていることを確認
する.

そうなっていないときは,下向き矢印をクリックして,選択肢の中から

「Excel アドイン」を選ぶ.

[**手順5**]　設定をクリックすると, アドインのウィンドウが開く.

[**手順6**]　「分析ツール」と「分析ツール-VBA」にチェックを入れ, OK をクリックする.

[**手順7**]　6.2項の[手順2]* に戻る.

6.3　Excel の組込み関数と行列関数の使い方

　知っておくと便利な Excel の組込み関数をいくつか示しておく.

[**手順1**]　Excel を起動する.

[**手順2**]　次の書式で関数名とその引数をセルに入力する.

　　ⓐ　配列の積和計算 → ＝SUMPRODUCT(配列 1 の範囲, 配列 2 の範囲)

　　ⓑ　データの規準化 → ＝STANDARDIZE(データ範囲, 平均値, 標準偏差)

　　ⓒ　2 つの行列・ベクトルの積の計算 → ＝MMULT(左からかける行列のセル範囲, 右からかける行列のセル範囲)

　　ⓓ　転置行列の計算 → ＝TRANSPOSE(転置したい行列のセル範囲)

　　ⓔ　逆行列の計算 → ＝MINVERSE(逆行列を求める行列のセル範囲)

[**手順3**]　手順 2 のⓒ～ⓔは行列関数で, その実行手順は以下のようにする. なお, ⓐ, ⓑでは, その必要がない.

　　①　計算結果を入れるエリアの左上のセルに移動する.

　　②　そのセルからドラッグして, 計算結果を表示するエリアを選択, 網掛けする.

　　③　そのまま左上のセルに実施するⓒ～ⓔの組込み関数を手順 2 の形で入力する.

　　④　F2 キーを 1 回単押しする.

　　⑤　Shift と Ctrl の両キーを同時に押しながら Enter キーを押す.

　　⑥　計算結果が表示される.

6.4 第2章〜第4章の例題の計算

Excel にアドインされた「データ分析」を用いた統計的推測の例を示す（データの単位は省略している）.

[例題2.1] 統計量である平均値，中央値，平方和，平均平方(不偏分散)を求めよ．データは表**6.1**に表示されている．元データは表**2.1**を参照してほしい．なお，平方和は計算されない(DIY 参照)．また，用語については**6.5節**を参照されたい.

手順1 yの値を Excel のワークシートに入力する（表6.1のA列）.

手順2 Excel の分析ツールの「基本統計量」を選択する.

手順3 図**6.1**のように入力しOKをクリックする．表6.1のC列以降に計算結果が表示される．必要なら，[DIY](Do It Yourself)の区間推定を自作する．ダウンロードできる解答には[DIY]の計算式が入っている.

　基本的には同様の手順なので，以下では，問題文や手順自体は省略し，入力画面と計算結果(DIY を含む)だけを例示する.

[例題3.1]〜[例題3.5]

　データは表**6.2**に表示されている．題意は**第3章**の当該例題を，元データは表**3.1**を参照してほしい.「分析ツール」の「基本統計量」を選択し，図**6.2**のように入力する．結果は，表6.2のように出力される.

[例題3.6]，[例題3.7]

　データは表**6.3**に表示されている．題意は**第3章**の当該例題を，元データは表**3.9**を参照してほしい.「分析ツール」の「F検定：2標本を使った分散の検定」を選択し，図**6.3**のように入力し，出力先を「\$D\$3」を指定する．検定結果は有意でない．次いで，「分析ツール」の「t検定：等分散を仮定した2標本による検定」を選択し，図6.3と同様に変数1と変数2を指定し，出力先を「\$H\$3」を指定する．検定結果は有意である．結果を表6.3に示す.

表6.1　計算結果([例題2.1])

	A	B	C	D	E	F	G	H
1	97			列1				
2	100							
3	131		平均	100		[DIY]		
4	110		標準誤差	5.9884				
5	69		中央値（メジアン）	97		*S*= 2582		
6	95		最頻値（モード）	#N/A				
7	89		標準偏差	17.9652		母分散の信頼下限= 147.25		
8	118		分散	322.75		母分散の信頼上限= 1184.55		
9	91		尖度	0.53				
10			歪度	0.13				
11			範囲	62		母平均の信頼下限= 86.2		
12			最小	69		母平均の信頼上限= 113.8		
13			最大	131				
14			合計	900				
15			データの個数	9				
16			信頼度(95.0%)	13.809				

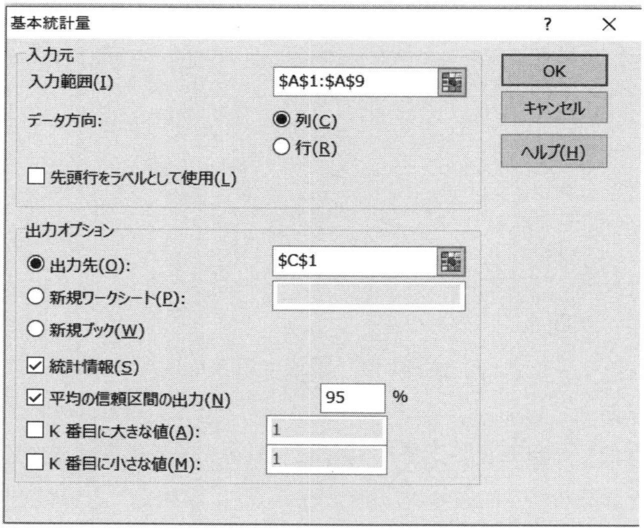

図6.1　基本統計量の入力画面([例題2.1])

表6.2　計算結果（[例題3.1]～[例題3.5]）

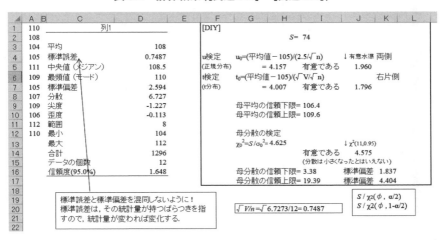

図6.2　基本統計量の入力画面

表6.3 計算結果([例題3.6], [例題3.7])

	A	B	C	D	E	F	G	H	I	J
1	88	91								
2	90	94								
3	89	92		F-検定: 2標本を使った分散の検定				t-検定: 等分散を仮定した2標本による検定		
4	93	98								
5	92	96			変数1	変数2			変数1	変数2
6	95	93		平均	90	94		平均	90	94
7	89	88		分散	12.444	12.000		分散	12.444	12
8	84	95		観測数	10	9		観測数	10	9
9	86	99		自由度	9	8		プールされた分散	12.235	
10	94			観測された分散比	1.0370			仮説平均との差異	0	
11				P(F<=f) 片側	0.4850			自由度	17	
12				F 境界値 片側	3.3881			t	-2.489	
13								P(T<=t) 片側	0.012	
14					有意でない			t 境界値 片側	1.740	
15								P(T<=t) 両側	0.023	
16								t 境界値 両側	2.110	
17										
18		[DIY]							有意である	
19				母平均の信頼下限= -7.39						
20				母平均の信頼上限= -0.61						

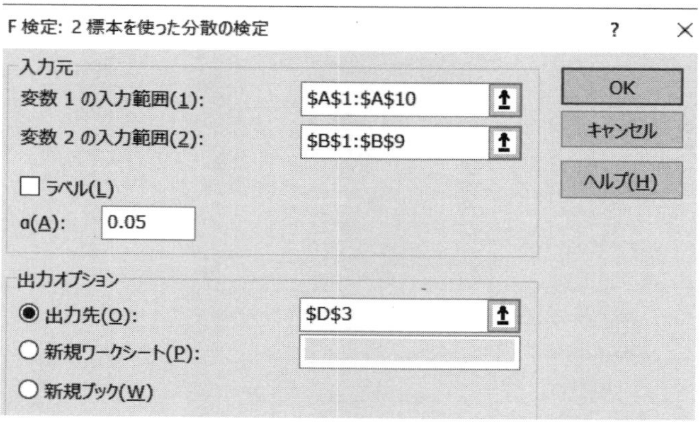

F 検定: 2 標本を使った分散の検定   ?   ×

入力元

変数 1 の入力範囲(1): $A$1:$A$10   ↕   OK

変数 2 の入力範囲(2): $B$1:$B$9   ↕   キャンセル

☐ ラベル(L)   ヘルプ(H)

α(A):   0.05

出力オプション

◉ 出力先(O): $D$3   ↕

○ 新規ワークシート(P):

○ 新規ブック(W)

図6.3 F検定：2標本を使った分散の検定の入力画面

[例題 3.8]

データは表 6.4 に表示されている．題意は第3章の[例題 3.8]を，元データは表 3.11 を参照してほしい．「分析ツール」の「一対の標本による平均の検定」を選択し，図 6.4 のように入力する．結果は，表 6.4 のように出力される．

[例題 3.9]

データは表 6.5 に表示されている．題意は第3章の[例題 3.9]を，元データは表 3.14 を参照してほしい．「分析ツール」の「基本統計量」を選択し，図 6.5 のように入力する．結果は，表 6.5 のように出力される．

[例題 4.1]〜[例題 4.2]

データは表 6.6 に表示されている．題意は第4章の[例題 4.1]〜[例題 4.2]を，元データは表 4.2 を参照してほしい．「分析ツール」の「分散分析：一元配置」を選択し，図 6.6 のように入力する．結果は，表 6.6 のように出力される．

[例題 4.3]〜[例題 4.4]

データは表 6.7 に表示されている．題意は第4章の[例題 4.3]〜[例題 4.4]を，元データは表 4.6 を参照してほしい．「分析ツール」の「分散分析：繰返しのある二元配置」を選択し，図 6.7 のように入力する．結果は，表 6.7 のように出力される．

[例題 4.5]

データは表 6.8 に表示されている．題意は第4章の当該例題を，元データは表 4.8 を参照してほしい．「分析ツール」の「分散分析：繰返しのない二元配置」を選択し，図 6.8 のように入力する．結果は，表 6.8 のように出力される．

[例題 6.1] Excel の組込み関数を用いた数値表の値の計算

数値表によると，例えば，各分布の $P\%$ 点について，表 6.9 の数字が確認できる．これを Excel の組込み関数で計算してみよう．

[解答]

[例題 6.1]の計算結果は表 6.10 のとおりとなる．Excel のバージョンによって，入力式の表記が若干異なっている場合があるので注意すること．

表 6.4 計算結果([例題 3.8])

	A	B	C	D	E	F	G	H
1	A_1	A_2	$d=A_1-A_2$	$d-d_{ave}$				
2	100	119	-19	-8				
3	144	149	-5	6				
4	89	88	1	12		t-検定: 一対の標本による平均の検定ツール		
5	120	135	-15	-4				
6	130	133	-3	8			変数 1	変数 2
7	139	169	-30	-19		平均	115.5	126.5
8	80	90	-10	1		分散	548.57	757.71
9	122	129	-7	4		観測数	8	8
10						ピアソン相関	0.9352936	
11						仮説平均との差異	0	
12						自由度	7	
13						t	-3.107	
14						P(T<=t) 片側	0.009	
15						t 境界値 片側	1.895	
16						P(T<=t) 両側	0.017	
17						t 境界値 両側	2.365	
18		[DIY]						
19		d_{ave} = -11					有意である	
20								
21		S_d = 702			V_d = 100.29			
22		母平均の信頼下限= -19.4						
23		母平均の信頼上限= -2.6						

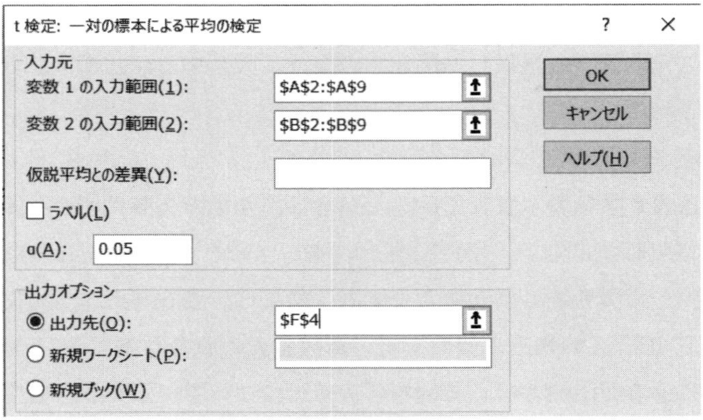

図 6.4 *t* 検定:一対の標本による平均の検定の入力画面

表6.5 計算結果([例題3.9])

	A	B	C	D	E	F	G
1	*data*						
2	109.7		列1				
3	108.8						
4	110		平均	109.6			
5	109.3		標準誤差	0.2951			
6	108.2		中央値 （メジ	109.7			
7	110.4		最頻値 （モー	109.7			
8	108.4		標準偏差	0.9333			
9	111.1		分散	0.8711			
10	110.4		尖度	-0.8187			
11	109.7		歪度	-0.0933			
12			範囲	2.9		[DIY]	
13			最小	108.2		$t_0=$	-1.355
14			最大	111.1		t値=	2.262
15			合計	1096			
16			データの個数	10		判定	有意でない

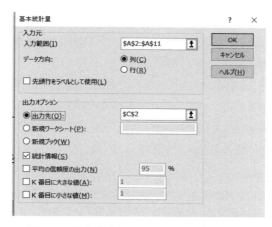

図6.5 基本統計量の入力画面([例題3.9])

表 6.6　計算結果([例題 4.1], [例題 4.2])

	A	B	C	D	E	F	G
1	A1	80	86	88	84		
2	A2	88	90	92	94		
3	A3	90	88	84	86		
4		[DIY]					
5			±Q= 3.27				
6	分散分析: 一元配置						
7							
8	概要						
9	グループ	標本数	合計	平均	分散		
10	行 1	4	338	84.5	11.667		
11	行 2	4	364	91	6.667		
12	行 3	4	348	87	6.667		
13							
14							
15	分散分析表						
16	変動要因	変動	自由度	分散	観測された分散比	P-値	F境界値
17	グループ間	86	2	43	5.16	0.0321	4.256
18	グループ内	75	9	8.333			
19							
20	合計	161	11				

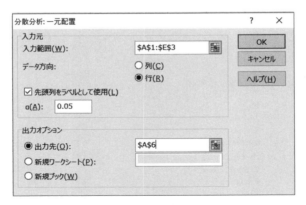

図 6.6　分散分析：一元配置の入力画面

表6.7 計算結果([例題4.3],[例題4.4])

	B1	B2	B3	B4		分散分析:繰り返しのある二元配置
A1	57	55	59	60		
	56	57	54	58		
A2	54	54	54	57		
	55	53	54	55		
A3	58	56	60	60	全平均	
	56	58	58	58	56.5	

A3B4の母平均の推定値=	59.5		[DIY]
±Q=	1.4		

変動要因	変動	自由度	分散	観測された分散比	P-値	F境界値
標本	52	2	26.00	14.18	0.0002	3.555
列	21	3	7.00	3.82	0.0281	3.160
繰り返し誤差	33	18	1.83			
合計	106	23				

分散分析:繰り返しのある二元配置

概要	B1	B2	B3	B4	合計
A1					
データの個数	2	2	2	2	8
合計	113	112	113	118	456
平均	56.5	56	56.5	59	57
分散	0.5	2	12.5	2	4
A2					
データの個数	2	2	2	2	8
合計	109	107	108	112	436
平均	54.5	53.5	54	56	54.5
分散	0.5	0.5	0	2	1.4285714
A3					
データの個数	2	2	2	2	8
合計	114	114	118	118	464
平均	57	57	59	59	58
分散	2	2	2	2	2.2857143
合計					
データの個数	6	6	6	6	
合計	336	333	339	348	
平均	56	55.5	56.5	58	
分散	2	3.5	7.9	3.6	

分散分析表

変動要因	変動	自由度	分散	観測された分散比	P-値	F境界値
標本	52	2	26	11.14	0.00	3.89
列	21	3	7	3.00	0.07	3.49
交互作用	5	6	0.83333	0.36	0.89	3.00
繰り返し誤差	28	12	2.33333			
合計	106	23				

分散分析: 繰り返しのある二元配置 ? ✕

入力元

入力範囲(I): $A$1:$E$7

1 標本あたりの行数(R): 2

α(A): 0.05

OK
キャンセル
ヘルプ(H)

出力オプション

◉ 出力先(O): $I$1
○ 新規ワークシート(P):
○ 新規ブック(W)

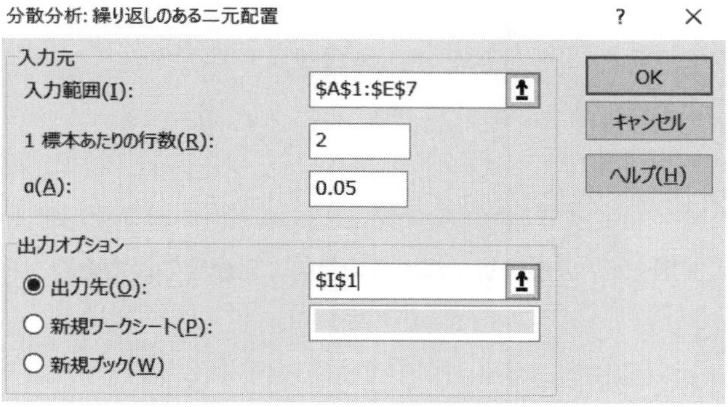

図6.7 分散分析：繰返しのある二元配置の入力画面

表6.8　計算結果（[例題4.5]）

	A	B	C	D	E	F	G	H	I	J	K
1		B1	B2	B3	B4						
2	A1	98	85	74	79						
3	A2	77	72	65	68			分散分析: 繰り返しのない二元配置			
4	A3	86	80	68	72						
5	[DIY]		全平均	77			概要	データの個数	合計	平均	分散
6							A1	4	336	84	107.33
7	A1B1の母平均の推定値=			94.00			A2	4	282	70.5	27
8			±Q=	4.79			A3	4	306	76.5	65
9											
10							B1	3	261	87	111
11							B2	3	237	79	43
12							B3	3	207	69	21
13							B4	3	219	73	31
14											
15											
16							分散分析表				
17							変動要因	変動	自由度	分散	観測された分散比
18							行	366	2	183	23.87
19							列	552	3	184	24.00
20							誤差	46	6	7.6667	
21											
22							合計	964	11		

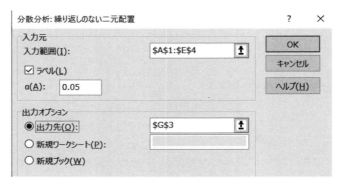

図6.8　分散分析：繰返しのない二元配置の入力画面

[注意]

① いずれの分布についても，パーセント点を先に入力する．自由度とパーセント点の入力順序に注意する．例えば，表6.9の❺，❻，❼の左辺と表6.10の❺，❻，❼の入力式を確認する．

② 正規分布のときは，前に'−'をつける．表6.9の❶，❷の左辺と表6.10の❶，❷の入力式を確認する．

表6.9 数値表による *P*%点の値

❶	$u(0.01)=2.326$
❷	$u(0.025)=1.960$
❸	$\chi^2(6,\ 0.975)=1.237$
❹	$\chi^2(1,\ 0.05)=\{u(0.025)\}^2=3.841$
❺	$t(14,\ 0.05)=2.145$
❻	$t(9,\ 0.01)=3.250$
❼	$F(8,\ 10\ ;\ 0.05)=3.072$
❽	$u(0.05)=t(\infty,\ 0.10)=1.645$
❾	$F(1,\ 14\ ;\ 0.05)=\{t(14,\ 0.05)\}^2=4.60$

表6.10 [例題6.1]の計算結果

設問	入力式	結果	別解の入力式	別解
❶	=-NORM.S.INV(0.01)	2.326		
❷	=-NORM.S.INV(0.025)	1.960		
❸	=CHISQ.INV(1-0.975, 6)	1.237		
❹	=CHISQ.INV(1-0.05, 1)	3.841	=(-NORM.S.INV(0.025))^2	3.841
❺	=TINV(0.05, 14)	2.145		
❻	=TINV(0.01, 9)	3.250		
❼	=FINV(0.05, 8, 10)	3.072		
❽	=-NORM.S.INV(0.05)	1.645	=TINV(0.1, 1000000000)	1.645
❾	=FINV(0.05, 1, 14)	4.600	=TINV(0.05, 14)^2	4.600

③ χ^2分布で100α%点を求めたいときは，$1-\alpha$を入力する．表6.9の❸，
❹の左辺と表6.10の❸，❹の入力式を確認する．

④ 自由度∞のt分布では，便宜上，自由度は1000000000を入れている．

⑤ 統計関数には，バージョンにより，例えばTINV，FINVに加え，
T.INV.2T，F.INV.RT などが追加されている．

6.5 Excel の分析ツールを使用するときの注意事項

本書で活用する Excel の分析ツールは便利であるが，以下に述べるように，一部に不都合があるので注意されたい[13]．ただし，本書では，Excel の画面を参照する場合，特別の事情のない限り，便宜上，原表示のままとしている．

① 「分析ツール」の「分散分析」での入力画面

$\alpha(\underline{A}) \to \alpha(\text{有意水準})$　　有意水準は変更しない．5%(0.05)に固定する．

② 「分析ツール」の「分散分析」での計算結果

分散分析表では以下のように読み替え，一般に使用されている用語に合わせる．

　　　　変動 → 平方和

　　　　分散 → 平均平方，または，不偏分散

　　　　観測された分散比 → F_0

　　　　F 境界値 → F 分布の上側 5% 点

検定は，有意水準である F 分布の 5% 点との大小関係により行う．

本書では，「P-値」は使用せず，一般に使用されている用語に合わせることを推奨する[1]．

③ 「分析ツール」の「回帰分析」を用いる場合の計算結果について補完

---

1) p 値は Fisher が初めて提唱したもので，ある仮説の下で，観測データ，または，それより極端なデータが偶然に出現した確率のことである．Fisher の考え方には，現在一般に行われている Neyman-Pearson 流の仮説検定の概念はなかったので，p 値が 0.05 より小さいから帰無仮説を棄却するというのは，誤った用法であろう．上記のように，p 値は直接的，かつ，正確な値であるべきで，不等号を用いることは適切でない．この辺りの事情は，現在まだ論争中であり，未だ決着を見ていないようだ．興味のある読者は，以下の文献を参照されたい．なお，ASA はアメリカ統計学会（American Statistical Association）である．

　① 折笠秀樹：「P 値論争の歴史」，*JPN pharmacol Ther*, **46**, No.8, pp. 1273-1279, 2018.

　② Wasserstein R.L., Lazar N.A., Editorial, "The ASA's statement on p-values: Context, process, and purpose" *The American Statistician* ; **70**, pp. 129-133, 2016.

する

回帰統計の表で,「標準誤差」となっているが,「標準偏差」の誤りである.

［実務に活かせる智慧と工夫］標準誤差と標準偏差

標準誤差とは,その統計量がもつ誤差のことで,標準偏差とは異なる.
データ数が n 個の平均値 $\overline{y}$ で例示すると,$\sqrt{V_e/n}$ が標準誤差であり,(標本)標準偏差 $\sqrt{V_e}$ とは異なる.

---

④ 「分析ツール」の「回帰分析」での計算結果

回帰係数の推定の表では,以下のように読み替え,一般に使用されている用語に合わせたほうがよい.また,「有意 F」は一般的に使用されていない.なお,回帰係数に切片は含まない.偏回帰係数と切片の両方を含む用語は回帰母数である.

　係数 → 回帰母数

　X 値 i → 変数 X_i に対する偏回帰係数(傾き)

⑤ 「分析ツール」の「回帰分析」での入力画面

「有意水準」の入力項目があるが,これは,「区間推定における信頼率」の誤記であり,本書では基本的に用いない.チェックを入れずとも,信頼率 95% の値は出力されるのでこれで十分である.チェックを入れる場合は「90」や「99」とすれば,信頼率 90% や 99% の値が出力されるが,実務上はほとんど用いない.

第7章
Yates，逆 Yates の計算と
Excel ソフト「直交表の解析」

Yates（イエツ）の計算方法は，第5章で示した2水準系の直交表実験のデータから，各列に割付けられた要因の平方和の計算を一挙に行う変法である[14]．パソコンの普及前は，手計算での対応に便利であった．その後，パソコンの普及により，手計算ではなくパソコンにより計算することができるようになり，ほとんど用いられなくなった．しかし，Yates の計算方法は Excel の表計算に適した方法であり，母平均の点推定を一挙に行う逆 Yates の計算方法と合わせて用いれば，現在でも効果的である．

本書のダウンロード資料である Excel ソフト「直交表の解析.xlsm」には，7.1節，7.2節で説明する Yates，逆 Yates の計算式が入力済みなので，本章では，計算法を理解すればよい．

なお，平方和だけなら，直交表の水準記号を表5.3の(1，2)から表5.2の(1，−1)に代えて，その水準記号とデータを6.3節で紹介した Excel の組込み関数 SUMPRODUCT を用いて積和を求めれば実施できる．

7.1　Yates の計算方法

t を直交表の大きさとすると，表7.1で，$t=8$ の L_8 を用いて Yates の計算方法を例示する．<0>列（データ）以外は，すでに計算式が入力されている．

① 実験 No. 順にデータを<0>列に入力する．

② 計算表全体を上下2段に2分割する．さらに，上から2行ずつ区切る．

③ <m>列から，<$m+1$>列への2行（上下段）ごとの計算手順（$m \geqq 0$）

      <$m+1$>列上段 ＝ <m>列の2行ずつの和 ＝ 上の行 ＋ 下の行

      <$m+1$>列下段 ＝ <m>列の2行ずつの差 ＝ 上の行 － 下の行

表 7.1　L_8 の Yates の計算

<0> データ	<1>	<2>	<3>	基本表示	<3>²/8 平方和	列番号	計算結果の水準記号
❶	❶+❷	❶+❷+❸+❹	❶+❷+❸+❹+❺+❻+❼+❽	1	(CT)		全データの和
❷	❸+❹	❺+❻+❼+❽	❶-❷+❸-❹+❺-❻+❼-❽	c	$S_{(4)}$	(4)	1 2 1 2　1 2 1 2
❸	❺+❻	❶-❷+❸-❹	❶+❷-❸-❹+❺+❻-❼-❽	b	$S_{(2)}$	(2)	1 1 2 2　1 1 2 2
❹	❼+❽	❺+❻-❼-❽	❶-❷-❸+❹+❺-❻-❼+❽	bc	$S_{(6)}$	(6)	1 2 2 1　1 2 2 1
❺	❶-❷	❶+❷-❸-❹	❶+❷+❸+❹-❺-❻-❼-❽	a	$S_{(1)}$	(1)	1 1 1 1　2 2 2 2
❻	❸-❹	❺+❻-❼-❽	❶+❷-❸-❹-❺+❻+❼+❽	ac	$S_{(5)}$	(5)	1 2 1 2　2 1 2 1
❼	❺-❻	❶-❷-❸+❹	❶-❷+❸-❹-❺+❻-❼+❽	ab	$S_{(3)}$	(3)	1 1 2 2　2 2 1 1
❽	❼-❽	❺-❻-❼+❽	❶-❷-❸+❹-❺+❻+❼-❽	abc	$S_{(7)}$	(7)	1 2 2 1　2 1 1 2

注）「計算結果の水準記号」の列は参考.

④　$t=2^n$ に対して，<n>まで計算する．→L_8 のときは $n=3$ なので，<3>まで計算する．

⑤　平方和は<n>²/2^n で計算する．→L_8 のとき $n=3$ なので，$S=$ <3>²/8

⑥　「基本表示」の列は以下のように入力する．一番上の段は 1 を入れる．次に基本表示記号の順（a, b, c, …）と逆の順（…, c, b, a）に記号を入れる．→L_8 のときは，a, b, ab, c, ac, bc, abc なので c, b, bc, a, ac, ab, abc の順になる．

⑦　「列番号」の列は以下のように入力する．一番上の段は修正項 CT に相当するので該当列はなく，空白セルのままとする．それ以外は，上記⑥の基本表示をもつ元の直交表の列番号を入れる．→L_8 のとき，基本表示の列は c, b, bc, a, ac, ab, abc なので，元の直交表では，(4), (2), (6),

(1)，(5)，(3)，(7)列に該当する.

⑧ 上記⑤で求めた平方和は，上記⑦で求めた列に割り付けられた要因の平方和である．→ L_8 のとき，元の直交表では，(4)，(2)，(6)，(1)，(5)，(3)，(7)列に割り付けられた要因の平方和となる.

7.2 逆 Yates の計算方法

表 7.2 の L_4 を用いて逆 Yates の計算方法を例示する.

① 「基本表示」の列は以下のようにする．一番上の段は 1 を入れる．次に基本表示記号の順(a，b，c，…)に記号を入れる．主効果のある要因の記号の分だけ基本表示記号(a，b，c，d，f，g，…で必要なもの)を用意する.

→要因が A，B 2 つのときは L_4 の逆 Yates なので，a，b，ab の順となる.

→要因が A，B，C，D 4 つのときは L_{16} の逆 Yates なので，a，b，ab，c，ac，bc，abc，d，ad，bd，abd，cd，acd，bcd，$abcd$ の順となる.

② 「<0>処理効果」の列に，無視しない要因の処理効果を上から順に入力する.

→総平均は基本表示(1)のところに入力する.

→主効果は基本表示(a，b，c，d，f，g，…)のところに入力する.

→交互作用も基本表示($A×B$ なら ab，$C×F$ なら cf)のところに入力する.

③ 計算自体は，7.1 節の Yates の計算②，③と同じである.

④ 要因の数(主効果のみカウント)を k とすると，<k>まで計算する.

表 7.2 L_4 の逆 Yates の計算

処理効果	計算法	基本表示	<0> 処理効果	<1>	<2>	A	B
❶	❶+❷	1	(μ)	$(\mu+a)$	$(\mu+a+b+ab)$	1	1
❷	❸+❹	a	(a)	$(b+ab)$	$(\mu-a+b-ab)$	2	1
❸	❶−❷	b	(b)	$(\mu-a)$	$(\mu+a-b-ab)$	1	2
❹	❸−❹	ab	(ab)	$(b-ab)$	$(\mu-a-b+ab)$	2	2

　　→ L_4 の逆 Yates では，要因の数が2つなので $k＝2$ であり，＜2＞まで計
　　　算する．

　⑤　推定値は，＜k＞，すなわち，＜2＞の列に計算される．

　水準記号は，因子の降順（B，A，…）に揃っているので，推定値を与える
条件は，以下のようになる．L_4 の逆 Yates では $k＝2$（因子 A, B）なので，B は
$(1, 1, 2, 2)^T$，A は $(1, 2, 1, 2)^T$ となっている．右肩の「T」は transpose（転
置）の意で，列ベクトルを行ベクトルとして表し，横書きできるようにするた
めである．

7.3　Excel ソフト「直交表の解析.xlsm」の利用法

　［例題 7.1］を用いて，Excel ソフト「直交表の解析.xlsm」の利用法を示す．
［例題 7.1］

　2水準の4因子 A, B, C, D を取り上げ，4つの主効果と2因子交互作用
$A×B$ の合計5つの要因効果を調べるため，L_8 直交表を用いて実験を行った．
割付けと得られたデータを**表 7.3** に示す．分散分析を行い，最適水準での母平
均を点推定せよ．特性値は数値変換してあり，数値は大きいほうがよい．

［解答］

［手順 1］　データの構造

　　　　　　$y＝\mu＋a＋b＋c＋d＋(ab)＋e$

　　　　　制約条件　$\sum a＝\sum b＝\sum c＝\sum d＝0,\ \sum(ab)＝0,\ e\sim N(0, \sigma^2)$

［手順 2］　Excel を起動する．

［手順 3］　「直交表の解析.xlsm」を開くと，**図 7.1** のメニュー画面（メニューの
シート）が表示されるので，表示されている内容を確認する．

　このとき，黄色地でセキュリティの警告（**図 7.2**）が表示されている場合には，
コンテンツの有効化 をクリックすると，メニュー画面が表示される．

　なお，Microsoft 365 については，ピンク地でセキュリティリスク（**図 7.3**）が
表示されることがある．そのときは，以下のようにして，ドキュメントを「信
頼済み」にするとよい．

表7.3 ［例題7.1］の割付けとデータ

列番号	(1)	(2)	(3)	(4)	(5)	(6)	(7)	data
要因 / 実験No.	A	B	$A \times B$	C	D			data
1	1	1	1	1	1	1	1	2
2	1	1	1	2	2	2	2	3
3	1	2	2	1	1	2	2	8
4	1	2	2	2	2	1	1	6
5	2	1	2	1	2	1	2	12
6	2	1	2	2	1	2	1	10
7	2	2	1	1	2	2	1	9
8	2	2	1	2	1	1	2	6
基本表示	a	b	ab	c	ac	bc	abc	

① 一旦，Excel（マクロファイル）を閉じる

② ファイルを右クリック → プロパティ

③ 全般タブの右下の「許可する」をチェック

［**手順4**］ 図7.1のメニュー画面のコントロールボックスの中から必要な直交表をクリックすると，そのシートに移行する．本例題では L_8定型 を選ぶ．

［**手順5**］ 表7.4のように L_8 の計算シートが開く．

［**手順6**］ データと要因の割付けの入力

表7.4のコントロールボックス ❶実験データと割付け をクリックする．

「データの入力（D列）」と「要因の割付欄（V列）」の入力セル部分が網掛けされる．データと因子の割付けは，それぞれ，表7.5のように該当列に入力する．

［**手順7**］ 平方和の計算

入力につれて，自動的に Yates の方法で計算が進んでいく．

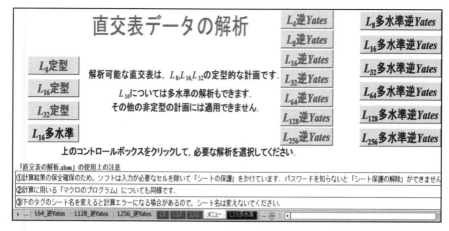

図 7.1　メニュー画面

セキュリティの警告　一部のアクティブ コンテンツが無効にされました。クリックすると詳細が表示されます。　　コンテンツの有効化

図 7.2　セキュリティの警告

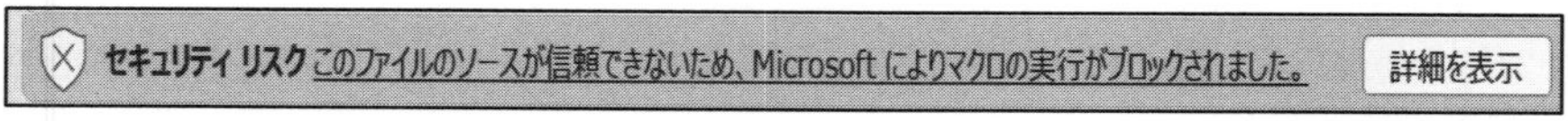

セキュリティ リスク このファイルのソースが信頼できないため、Microsoft によりマクロの実行がブロックされました。　　詳細を表示

図 7.3　セキュリティリスク

[手順 8]　分散分析表-1 の作成

　コントロールボックス **❷分散分析** をクリックする．表 7.5 の結果から，**表 7.6 の分散分析表-1，分散分析表-2 が計算される．分散分析表-1 では，A と $A \times B$ が 5 %有意である．B は有意でないが，$A \times B$ が有意なので無視しない．

　注）　緑地で表示されているのは作業エリアなので，変更しないこと．

　この時点では，分散分析表-1 と分散分析表-2 は，表示順序は異なるが内容は同一である．

　プールする要因があるときは，分散分析表-2 で，その要因の行の要因 (sv)，平方和 (ss)，自由度 (df) の少なくとも 3 セルを削除する．6 セル全部を削除してもかまわない．その要因は自動的に誤差にプールされ，その行はすべて空白

表7.4 Yatesの計算シート (L_8)

D列

計算法	実験№	$\langle 0 \rangle$	$\langle 1 \rangle$	$\langle 2 \rangle$	$\langle 3 \rangle$	$\langle 3 \rangle^2/8$	基本表示	列	割付け	処理効果
①+②	①		0	0	0	✕	1	✕	全体平均	0
③+④	②		0	0	0	#DIV/0!	c	4		0
⑤+⑥	③		0	0	0	#DIV/0!	b	2		0
⑦+⑧	④		0	0	0	#DIV/0!	bc	6		0
①-②	⑤		0	0	0	#DIV/0!	a	1		0
③-④	⑥		0	0	0	#DIV/0!	ac	5		0
⑤-⑥	⑦		0	0	0	#DIV/0!	ab	3		0
⑦-⑧	⑧		0	0	0	#DIV/0!	abc	7		0

sv	ss	df	ms	F_0	有意？
e	#DIV/0!	7	#DIV/0!		

V列

要因の割付け欄		
列番号	割付け	*index*
1		4
2		2
3		6
4		1
5		5
6		3
7		7

になる．

　分散分析表-2で，誤ってプールしてしまったときなど，プールした要因を元に戻したいときは，表7.6の分散分析表-2の下に空白行（罫線あり）として示された◯部分を，誤ってプールした要因の行にコピー＆ペーストする．

　注）　分散分析表-1ではプールをしないこと．

[**手順9**]　分散分析表-2では，C，D を誤差にプールした結果を表示してある．分散分析表-1と同様 A と $A \times B$ が5%有意で，B は有意でない．しかし，$A \times B$ が有意なので B はプールしない．

表7.5　Yates の計算

D 列

計算法	実験No.	⟨0⟩	⟨1⟩	⟨2⟩	⟨3⟩	⟨3⟩²/8	基本表示	列	割付け	処理効果
①+②	①	2	5 $=2+3$	19	56	✕	1	✕	総平均	7
③+④	②	3	14	37	6	4.5	c	4	C	0.75
⑤+⑥	③	8	22	1	−2	0.5	b	2	B	−0.25
⑦+⑧	④	6	15	5	−4	2.0	bc	6		−0.5
①−②	⑤	12	-1 $=2-3$	−9	−18	40.5	a	1	A	−2.25
③−④	⑥	10	2	7	−4	2.0	ac	5	D	−0.5
⑤−⑥	⑦	9	2	−3	−16	32.0	ab	3	$A \times B$	−2
⑦−⑧	⑧	6	3	−1	−2	0.5	abc	7		−2.5

[**手順 10**]　分散分析表-2 をもとに，最適条件における母平均を逆 Yates の方法で推定する．

[**手順 11**]　前準備として，総平均と分散分析表-2 で無視していない要因（A，B，$A \times B$）の表 7.5 の処理効果欄（L 列）の値をメモしておく．

　　総平均→7，$A \rightarrow -2.25$

　　$B \rightarrow -0.25$，$A \times B \rightarrow -2$

[**手順 12**]　A，B の 2 因子なので，シートのメニューをクリックし，メニュー画面から L_4の逆Yates をクリックすると表 7.7 の形で未入力の逆 Yates の計算の表が表示される．

　　網掛けされた＜0＞の処理効果の欄に，無視しなかった要因効果（推定したい要因効果）の値，すなわち，[手順 11]でメモしておいた処理効果の値（7，−2.25，−0.25，−2）を基本表示の 1，a，b，ab の順で，表 7.7 のように入力する．

　　特性値は大きいほうがよいので，最大最小の欄に MAX と表示された表 7.7 の＜2＞の列の値で一番大きい 11 が最適条件での母平均の点推定値となる．なお，「＜0＞処理効果」の一番上の段（総平均 7 が入っている）が空欄（ブランク）以外であれば，「最大最小」の欄に "MAX" か "min" が表示される．

表7.6　分散分析表

分散分析表-1

sv	ss	df	ms	F_0	有意?
C	4.5	1	4.5	3.60	
B	0.5	1	0.5	0.40	
A	40.5	1	40.5	32.40	*
D	2	1	2	1.60	
$A \times B$	32	1	32	25.60	*
e	2.5	2	1.25		

V 列

要因の割付け欄		
列番号	割付け	*index*
4	C	1
2	B	2
6		3
1	A	4
5	D	5
3	$A \times B$	6
7		7

分散分析表-2

sv	ss	df	ms	F_0	有意?
A	40.5	1	40.5	18.00	*
B	0.5	1	0.5	0.22	
$A \times B$	32	1	32	14.22	*
e	2.5	2	1.25		

誤ってプールした要因を復活させるには，この 6 セルを削除した行にコピー & ペーストする.

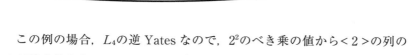

　この例の場合，L_4の逆 Yates なので，2^2のべき乗の値から< 2 >の列のところが推定値となっている．L_8の逆 Yates なら< 3 >の列，L_{16}の逆 Yates なら< 4 >の列，…，L_{256}の逆 Yates なら< 8 >の列である.

[手順 13]　最適条件は，要因名の下の水準記号から A_2B_1 であることがわかる．デフォルトとして，要因名はあらかじめ A，B，…の順に入力されているが，推定に用いる要因名に変更する．この例では，変更の必要はなく，デフォルトのままでよい.

表7.7　逆 Yates の計算による推定値と最適条件

逆 Yates の計算　　　　　　　　　　　　　推定値↓

	基本表示	<0> 処理効果	<1>	<2>	A	B	最大最小
1	1	7	4.75	2.5	1	1	min
2	a	-2.25	-2.25	11	2	1	MAX
3	b	-0.25	9.25	7	1	2	
4	ab	-2	1.75	7.5	2	2	

➡　最適条件は A_2B_1，そのときの母平均は 11 である．

注 1)　表 7.7 では，「<0>処理効果」の欄に空白セルはないが，無視した主効果や交互作用の欄の該当セルは空白のままとしておく．「0」などは入力しない．

注 2)　表 7.7 では，すべての要因の水準組合せ $\mu + a_i + b_j + (ab)_{ij}$，すなわち，式(5.2.16)の形で $\mu \pm a \pm b \pm (ab)$ を計算したが，実務では，特定の因子の水準の母平均を推定したい場合がある．例えば，$\mu + a_1$ を推定したい場合，基本表示の 1 と a の所に 7，-2.25 を入力し，推定から外した b と ab の該当セルは，空白セルのままとせず，0 を入力する．そのときは，推定したい特定の因子(A)以外，この場合は B の水準記号は無視する．

[手順 14]　因子の組合せ水準での区間推定における信頼区間幅($\pm Q$)の計算（参考）

逆 Yates の計算表の下に，表 7.8 の DIY が表示されているので，入力を要求されている 2 カ所のセルに，元の直交表(L_8)の実験数 8 と分散分析表-2 での誤差の平均平方 $ms = 2.25$ を入力すれば Q の値が計算される．

7.4　第 5 章の例題の計算

[例題 5.1　定型の直交表]
[手順 1]　メニュー画面より，L_{16}定型 をクリックすると，表 7.9 の形で L_{16} の Yates の計算表が表示される．

表7.8　区間推定に関わる DIY（Do It Yourself）

DIY
全因子の組み合わせ条件での区間推定における信頼区間幅 ±Q のQ値

元の直交表の実験数	8	← **入力してください.**
誤差の自由度	8	
誤差の平均平方	2.25	← **入力してください.**
有効反復数 $1/n_e$	0.5	
±Qの値　　Q=	2.94	

[手順2]　●実験データと割付けをクリックする．割付けとデータは，**表5.8**を参照されたい．

[手順3]　データと要因の割付けの入力

7.3節の[**手順6**]と同様であるが，この例はL_8ではなくL_{16}なので，**表7.9**のように，D列とW列の網掛け部分にデータと要因の割付けを入力する．L_{32}の場合は，D列とX列になる．**表7.9**に平方和が計算される．

[手順4]　分散分析表の作成

❷分散分析をクリックする．**表7.10**のように．分散分析表-1（分散分析表-2）が計算される．**7.3**節の[**手順9**]と同様に，分散分析表-2でプールする要因（B, H, D, K, $G×H$）を削除する．

[手順5]　逆Yatesの計算による最適条件とそのときの母平均を推定する．

分散分析表-2より，要因数はA, C, F, Gの4つなので，メニュー画面からL_{16}の逆Yatesをクリックすると，**表7.11**のような形でL_{16}逆Yatesの計算表が表示される（表7.11は入力後のもの）．デフォルトとして要因名がA, B, C, Dとなっている網掛け部分を，この例題に合わせて要因名A, C, F, Gに変更する．これに合わせて，基本表示欄の表示は自動的に更新される．

次に，「<0>処理効果」の網掛け部に，[**手順3**]表7.9のYatesの計算によって算出された各要因の処理効果欄（M列）の数値を入力する．

表7.9　Yatesの計算

D列　　M列

計算法	実験No.	⟨0⟩	⟨1⟩	⟨2⟩	⟨3⟩	⟨4⟩	$\langle 4\rangle^2/16$	基本表示	列	割付け	処理効果
①＋②	①	95	152	326	535	1200		1		総平均	75.0000
③＋④	②	57	174	209	665	50	156.3	*d*	8		3.125
⑤＋⑥	③	76	86	318	39	−10	6.3	*c*	4		−0.625
⑦＋⑧	④	98	123	347	11	96	576.0	*cd*	12		6.000
⑨＋⑩	⑤	65	169	16	−59	88	484.0	*b*	2		5.500
⑪＋⑫	⑥	21	149	23	49	−6	2.3	*bd*	10		−0.375
⑬＋⑭	⑦	51	188	6	125	6	2.3	*bc*	6		0.375
⑮＋⑯	⑧	72	159	5	−29	−48	144.0	*bcd*	14		−3.000
①−②	⑨	77	38	−22	117	−130	49.0	*a*	1		−8.125
③−④	⑩	92	−22	−37	−29	28	1056.3	*ad*	9		1.750
⑤−⑥	⑪	85	44	20	−7	−108	729.0	*ac*	5		−6.750
⑦−⑧	⑫	64	−21	29	1	154	1482.3	*acd*	13		9.625
⑨−⑩	⑬	97	−15	60	15	146	1332.3	*ab*	3		9.125
⑪−⑫	⑭	91	21	65	−9	−8	4.0	*abd*	11		−0.500
⑬−⑭	⑮	79	6	−36	−5	24	36.0	*abc*	7		1.500
⑮−⑯	⑯	80	−1	7	−43	38	90.3	*abcd*	15		2.375

W列

要因の割付け欄		
列番号	割付け	*index*
1	A	8
2	G	4
3	$A\times G$	12
4	H	2
5	F	10
6	$G\times H$	6
7	D	14
8	B	1
9		9
10		5
11		13
12	C	3
13	$A\times C$	11
14		7
15	K	15

表7.10 分散分析表

分散分析表-1

sv	ss	df	ms	F_0	有意?
B	156.25	1	156.25	3.14	
H	6.25	1	6.25	0.13	
C	576	1	576	11.56	＊
G	484	1	484	9.72	＊
$G \times H$	2.25	1	2.25	0.05	
A	1056.25	1	1056.25	21.20	＊
F	729	1	729	14.63	＊
$A \times C$	1482.25	1	1482.25	29.76	＊
$A \times G$	1332.25	1	1332.25	26.75	＊
D	36	1	36	0.72	
K	90.25	1	90.25	1.81	
e	199.25	4	49.8125		

分散分析表-2

sv	ss	df	ms	F_0	有意?
A	1056.25	1	1056.3	19.39	＊
G	484	1	484	8.89	＊
$A \times G$	1332.25	1	1332.3	24.46	＊
F	729	1	729	13.38	＊
C	576	1	576	10.57	＊
$A \times C$	1482.25	1	1482.25	27.21	＊
e	490.25	9	54.472		

総平均→75, $A \to -8.125$, $C \to 6$, $F \to -6.75$, $G \to 5.5$

$A \times C \to 9.625$, $A \times G \to 9.125$

入力した後の結果を表7.11に示す.

[手順6] 因子の組合せ水準での区間推定における信頼区間幅(±Q)の計算
(参考)

逆Yatesの計算表の下に,**図7.4**のDIYが表示されている.入力を要求さ
れている2カ所のセルに,元の直交表(L_{16})の実験数16と分散分析表-2での
誤差の平均平方 $ms = 54.472$ を入力すればQの値が計算される.

[例題5.2 多水準法]

割付けとデータは,**表5.14**を参照されたい.

[手順1] メニュー画面より, L_{16}多水準 をクリックする.

表7.11 逆 Yates の計算

逆 Yates の計算   推定値↓

	基本表示	<0>処理効果	<1>	<2>	<3>	<4>	A	C	F	G	最大最小
1	1	75	66.875	82.5	75.75	90.375	1	1	1	1	
2	a	-8.125	15.625	-6.75	14.625	69.125	2	1	1	1	
3	c	6	-6.75	14.625	72.75	59.125	1	2	1	1	
4	ac	9.625	0	0	-3.625	76.375	2	2	1	1	
5	f	-6.75	14.625	79.5	44.5	103.875	1	1	2	1	MAX
6	af		0	-6.75	14.625	82.625	2	1	2	1	
7	cf		0	-3.625	80	72.625	1	2	2	1	
8	acf		0	0	-3.625	89.875	2	2	2	1	
9	g	5.5	83.125	51.25	89.25	61.125	1	1	1	2	
10	ag	9.125	-3.625	-6.75	14.625	76.375	2	1	1	2	
11	cg		-6.75	14.625	86.25	29.875	1	2	1	2	min
12	acg		0	0	-3.625	83.625	2	2	1	2	
13	fg		-3.625	86.75	58	74.625	1	1	2	2	
14	afg		0	-6.75	14.625	89.875	2	1	2	2	
15	cfg		0	-3.625	93.5	43.375	1	2	2	2	
16	$acfg$		0	0	-3.625	97.125	2	2	2	2	

━━━▶ 最適条件は $A_1C_1F_2G_1$，そのときの母平均は 103.875 である．

図7.4 DIY（Do It Yourself）

DIY		
全因子の組合せ条件での区間推定における信頼区間幅 ±Q のQ値		
元の直交表の実験数	16	← 入力してください.
誤差の自由度	9	
誤差の平均平方	54.472	← 入力してください.
有効反復数 $1/n_e$	0.4375	
±Qの値　Q=	11.04	

[手順2]　◯**●多水準実験データと割付け**をクリックする.

[手順3]　7.3節の[手順6]と同様に, 表 7.12 のように, D列, W列の網掛け部分にデータと要因を入力する. 多水準の因子は3列にわたるので, 要因が A の場合は $A1$, $A2$, $A3$ のように入力する. 同様に, 交互作用は, $A1{\times}C$, $A2{\times}C$, $A3{\times}C$ とする. 表 7.12 に平方和が計算される.

　注)　交互作用の表記において, '×'を省略して, $A1C$, $A2C$, $A3C$ のように入力しないようにする. 省略してしまうと[手順5]以降の計算に不具合が生じるので注意する. 交互作用とわかるように, 必ず, 全角の "×(カケル)" や "X(エックス)" などを用い, $A1{\times}C$, $A2{\times}C$, $A3{\times}C$ のように書く.

[手順4]　◯**❷分散分析**をクリックする. 表 7.13 左の分散分析表-1 が計算される.

　ここまでは, [例題 5.1]の定型の直交表と同様である.

　注)　定型の直交表では, 分散分析表-2 が表示されていたところに, 緑地で作業エリアが表示されているので, ここは変更しないこと.

[手順5]　◯**❸多水準としての解析**をクリックする.

　表 7.13 の右(網掛け部)に, 多水準法としての分散分析表-2 が計算される. このとき, 多水準法に関係する主効果, 交互作用が合算される. プーリングするときは, 7.3節の[手順9]と同様に, 多水準法としての分散分析表-2 でプールする要因(F, G, H)を削除する. プーリング前の分散分析表は, 作業エリアに残されている. A, B, C, D, $A{\times}C$ が有意となった.

[手順6]　逆 Yates の計算により, 最適条件とそのときの母平均を推定する.

　要因数は, $A1$, $A2$, $A3$, B, C, D の6つとカウントし, メニュー画面から L_{64}**多水準逆 Yates** を選択し, デフォルトとして要因名が A, B, C, D, F, G となっている網掛け部分を, この例題に合わせて, $A1$, $A2$, $A3$, B, C, D の順に要因名を入力する.

　注)　要因数は, 4 ではなく, 6 とすることに注意する.

　次に, 「<0>処理効果」の網掛け部に Yates の計算によって算出された各要因の処理効果欄(M列)の数値を入力する.

表7.12　Yates の計算結果

D列 … M列

計算法	実験No.	⟨0⟩	⟨1⟩	⟨2⟩	⟨3⟩	⟨4⟩	⟨4⟩²/16	基本表示	列	割付け	処理効果
①＋②	①	5	44	74	267	400		1		総平均	25.0000
③＋④	②	39	30	193	133	−56	196.00	d	8	D	−3.500
⑤＋⑥	③	22	115	83	−47	12	9.00	c	4	G	0.750
⑦＋⑧	④	8	78	50	−9	−92	529.00	cd	12	A2×C	−5.750
⑨＋⑩	⑤	33	32	-20	51	−86	462.25	b	2	A2	−5.375
⑪＋⑫	⑥	82	51	−27	−39	2	0.25	bd	10		0.125
⑬＋⑭	⑦	50	15	−7	−119	−22	30.25	bc	6		−1.375
⑮＋⑯	⑧	28	35	−2	27	66	272.25	bcd	14	C	4.125
①−②	⑨	23	−34	14	−119	134	1122.25	a	1	A1	8.375
③−④	⑩	9	14	37	33	−38	90.25	ad	9	H	−2.375
⑤−⑥	⑪	15	−49	−19	7	90	506.25	ac	5	B	5.625
⑦−⑧	⑫	36	22	−20	−5	−146	1332.25	acd	13	A3×C	−9.125
⑨−⑩	⑬	5	14	−48	−23	−152	1444.00	ab	3	A3	−9.500
⑪−⑫	⑭	10	−21	−71	1	12	9.00	abd	11		0.750
⑬−⑭	⑮	19	−5	35	23	−24	36.00	abc	7	F	−1.500
⑮−⑯	⑯	16	3	−8	43	−20	25.00	abcd	15	A1×C	−1.250

W列

要因の割付け欄		
列番号	割付け	index
1	A1	8
2	A2	4
3	A3	12
4	G	2
5	B	10
6		6
7	F	14
8	D	1
9	H	9
10		5
11		13
12	A2×C	3
13	A3×C	11
14	C	7
15	A1×C	15

（分散分析前）

W列

要因の割付け欄		
列番号	割付け	index
8	D	1
4	G	2
12	A2×C	3
2	A2	4
10		5
6		6
14	C	7
1	A1	8
9	H	9
5	B	10
13	A3×C	11
3	A3	12
11		13
7	F	14
15	A1×C	15

（分散分析後）

表7.13　分散分析

分散分析表-1

sv	*ss*	*df*	*ms*	F_0	有意?
D	196	1	196	14.89	*
G	9	1	9	0.68	
$A2 \times C$	529	1	529	40.18	*
A2	462.25	1	462.25	35.11	*
C	272.25	1	272.25	20.68	*
A1	1122.25	1	1122.25	85.23	*
H	90.25	1	90.25	6.85	
B	506.25	1	506.25	38.45	*
$A3 \times C$	1332.25	1	1332.25	101.18	*
A3	1444	1	1444	109.67	*
F	36	1	36	2.73	
$A1 \times C$	25	1	25	1.90	
e	39.50	3	13.1667		

多水準法としての分散分析表-2

sv	ss	df	ms	F0	有意?
A	3028.50	3.00	1009.5	34.66	*
B	506.25	1.00	506.25	17.38	*
D	196.00	1.00	196	6.73	*
$A \times C$	1886.25	3.00	628.75	21.59	*
C	272.25	1.00	272.25	9.35	*
e	174.75	6	29.125		

(*F*, *G*, *H* をプーリングした後のもの)

　総平均 → 25,　*A1* → 8.375,　*A2* → −5.375,　*A3* → −9.5,　*B* → 5.625,　*C* → 4.125,　*D* → −3.5,　*A1×C* → −1.25,　*A2×C* → −5.75,　*A3×C* → −9.125

　表7.14 において，*A* の実水準は，A_1, A_2, A_3 の水準組合せ，すなわち，$(A_1 A_2 A_3) = (1\,1\,1)$ は実水準1，同$(1\,2\,2)$ は実水準2，同$(2\,1\,2)$ は実水準3，同$(2\,2\,1)$ は実水準4に該当する．その他の水準組合せは存在しないので，「推定値」の欄は空欄に，実水準の欄は '×' となっている．「<0>処理効果」の一番上のセルには全体平均25が入力され，「最大最小」の欄に "MAX" と "min" が表示される．

表 7.14　逆 Yates の計算

基本表示	〈0〉処理効果	〈1〉	〈2〉	〈3〉	〈4〉	〈5〉	〈6〉
1	25	33.375	28	18.5	24.125	12.125	8.625
a1	8.375	−5.375	−9.5	5.625	−12	−3.5	
a2	−5.375	−9.5	5.625	−12	−3.5	−2.125	
a1a2		0	0	0	0	−3.5	16.625
a3	−9.5	5.625	−2.875	−3.5	7.375	34.375	
a1a3		0	−9.125	0	−9.5	−3.5	31.625
a2a3		0	0	0	−3.5	20.125	68.125
a1a2a3		0	0	0	0	−3.5	
b	5.625	2.875	−3.5	1.75	34.875	49.375	−2.625
a1b		−5.75	0	5.625	−0.5	−3.5	

A1	A2	A3	B	C	D	A の実水準	最大最小
1	1	1	1	1	1	1	
2	1	1	1	1	1	×	
1	2	1	1	1	1	×	
2	2	1	1	1	1	4	
1	1	2	1	1	1	×	
2	1	2	1	1	1	3	
1	2	2	1	1	1	2	
2	2	2	1	1	1	×	
1	1	1	2	1	1	1	min
2	1	1	2	1	1	×	

11 行以降は省略している.

➡　最適条件は $A_1B_2C_1D_1$，そのときの母平均は -2.625 である.

図 7.5　DIY（Do It Yourself）

DIY	
因子の組合せ条件での区間推定における信頼区間幅 ±Q のQ値	
元の直交表の実験数	16
誤差の自由度	6
誤差の平均平方を入力	29.125
有効反復数 $1/n_e$	0.625
±Qの値　$Q=$	10.44

[手順 7] 無視しない要因すべての水準組合せでの信頼区間幅($\pm Q$)の計算
（参考）

逆 Yates の計算表の下に**図 7.5** の DIY が表示されている．本例題では L_{16} 直交表限定なので入力は必要としない．

7.5 「直交表の解析.xlsm」の使用上の注意

以下に，「直交表の解析.xlsm」の使用上の注意を示す．

① 計算結果の保全確保のため，ソフトは，入力が必要なセルを除いて，「シートの保護」をかけてある．パスワードを入力しないと「シート保護の解除」ができないようにしてあるので，注意のこと．

② 計算に用いる「マクロのプログラム」についても同様である．

③ 下のタブのシート名を変えるとエラーになる場合がある．シート名は変えない．

7.6 ３水準系の直交表に関する斎藤の計算

5.8.1 項で述べたように，実務における３水準系の直交表の利用頻度は低い．３水準系の直交表にも，２水準系直交表における Yates，逆 Yates の計算に相当する斎藤，逆斎藤の計算法がある[15],[16]．しかしながら，斎藤の計算は Yates の計算に比べると Excel を用いても使用方法が相当煩雑になるので，本書での説明は割愛する．興味のある読者は，参考文献[6]も参照されたい．

付　　録

付録 A　直交計画の優位性

　実験計画法においては，暗黙裏に直交計画[1)]をデフォルト(標準)としている.

　ここでは，非直交計画(単因子逐次実験)に対する直交計画(直交表実験)の優位性について簡単に補足する[2)].

　例えば，交互作用がない $A \sim H$ の 7 因子について要因効果を検討するとき，① 7 つの主効果を L_8 直交表の 7 列に割り付けた直交実験(表 A.1 左)と，② 7 つの因子のすべてを第 1 水準とした標準条件に対して，各因子を逐次 1 つずつ第 2 水準に変化させた 7 実験，計 8 回の単因子逐次実験(表 A.1 右)を考える.

　計算過程は割愛するが，表 A.2 に各推定量の分散の計算結果を示した. 同じ 8 回の実験であるが，因子 A については，興味の焦点である改良条件(A_2)の母平均 $\mu + a_2$ の推定，ならびに，標準条件(A_1)と改良条件(A_2)の母平均の差 $a_1 - a_2$ の推定に関しては，網掛け部に示したように，直交実験の優位性は明白である(要因 $B \sim H$ も同様). なお，単因子逐次実験では，各因子の第 1 水準のデータは 7 個，第 2 水準のデータは 1 個で前者が 7 倍あるので，興味のある改良条件(A_2)の母平均 $\mu + a_2$ の推定量の分散が，興味の薄い第 1 水準(A_1)の母平均 $\mu + a_1$ のそれよりかなり大きいという不具合も生じている. 詳細は，ダウンロード版の補遺，参考文献[13]の付録 C や参考文献[17]を参照されたい.

---

1)　多変量解析でも直交計画で得たデータを用いるのが好適で，これからデータをとる場合は直交計画とすることが好適である. しかし，すでに得られているデータが直交計画となっていることは稀である.

2)　詳細に興味のある読者は日科技連出版社のホームページに「補遺」をアップロードしたので，ダウンロードしてご覧いただきたい.

表 A.1　L_8直交表実験と単因子逐次実験

L_8直交表実験（直交計画）　　　　　　　　　　単因子逐次実験（非直交計画）

列番号	(1)	(2)	(3)	(4)	(5)	(6)	(7)	備考
要因＼実験No.	A	B	C	D	F	G	H	
1	1	1	1	1	1	1	1	
2	1	1	1	2	2	2	2	
3	1	2	2	1	1	2	2	
4	1	2	2	2	2	1	1	直交計画
5	2	1	2	1	2	1	2	
6	2	1	2	2	1	2	1	
7	2	2	1	1	2	2	1	
8	2	2	1	2	1	1	2	
基本表示	a	b	ab	c	ac	bc	abc	

要因＼実験No.	A B C D F G H	備考
1	1 1 1 1 1 1 1	標準条件
2	2 1 1 1 1 1 1	因子 A のみ A_2
3	1 2 1 1 1 1 1	因子 B のみ B_2
4	1 1 2 1 1 1 1	因子 C のみ C_2
5	1 1 1 2 1 1 1	因子 D のみ D_2
6	1 1 1 1 2 1 1	因子 F のみ F_2
7	1 1 1 1 1 2 1	因子 G のみ G_2
8	1 1 1 1 1 1 2	因子 H のみ H_2

表 A.2　L_8直交表実験と単因子逐次実験の推定量の分散

推定量	直交実験での推定量の分散	単因子逐次実験（非直交実験）での推定量の分散
標準条件の母平均$(A_1)\mu+a_1$	$0.25\sigma^2$	$0.15625\sigma^2$
改良条件の母平均$(A_2)\mu+a_2$	$0.25\sigma^2$	$1.65625\sigma^2$
母平均の差 a_1-a_2	$0.5\sigma^2$	$2\sigma^2$

付録 B　直交と独立の概念の異同

　直交と独立の概念の異同を示しておく[9]．詳細はダウンロード版の補遺を参照されたい．

　確率変数 X と Y が独立であるとき，X，Y の各確率密度関数，X と Y の同時確率密度関数を，それぞれ $f(x)$，$g(y)$，$h(x, y)$ とすると，

$$h(x, y) = f(x)g(y)$$

が成立する．よって，X と Y が互いに独立であれば共分散がない（直交している）ことが証明できる．しかし，この逆は一般には成り立たない．ところが，X と Y が 2 次元正規分布しているときは逆も成り立つ．すなわち，共分散がない（直交している）とき，X と Y は互いに独立であることが証明できる．

付録 C　欠測値への対応

　直交計画を実施したとき，実務では，やむを得ず欠測値の発生に見舞われることもある．そのときは一般に非直交計画となるので，**第 4 章**，**第 5 章**で述べた定型の分散分析法が適用できない．欠測値への対処法も相応に報告されているが，ここでは，欠測値に対する 4 つの実務的な対応と対応例を比較する．

［1］　対応

① 　欠測値となった条件でもう一度実験をやり直す．再実験が可能なら，これが一番よい対応である．

② 　欠測値の代わりに全データの平均値を用いる．手軽ではあるが，厳密さを欠くので，勧められない．

③ 　欠測値を x と置き，誤差が最小となるように x を決める．欠測値の点推定値は簡単に計算できるが，分散分析は④のように厳密ではない．

④ 　線形推定検定論によるのが数理統計的に厳密な方法であるが，理論面は難解である．

［2］　各対応の実施例

　後述する表 C.7 のように，L_8 直交表実験で No.7 の実験データが欠測値となった場合を例に，前述の①〜④の対応を適用したときの分散分析表を比較する．この例では，欠測値が 8 個中 1 個であることもあり，どの方法でも大きな差は出ていない．

① 　No.7 の条件で実験を再実施し，70.8 を得る

　表 C.1 のように，データ数は 8 個となり，L_8 直交表実験に戻ったので，全

表 C.1　方法①の割付けとデータ

列番号	(1)	(2)	(3)	(4)	(5)	(6)	(7)	
要因	A	B	A×B	C	D			data
実験№	e	e	e	e	e	e	e	
1	1	1	1	1	1	1	1	76.8
2	1	1	1	2	2	2	2	72.9
3	1	2	2	1	1	2	2	70.2
4	1	2	2	2	2	1	1	64.2
5	2	1	2	1	2	1	2	68.4
6	2	1	2	2	1	2	1	62.3
7	2	2	1	1	2	2	1	70.8
8	2	2	1	2	1	1	2	64

表 C.2　方法①の分散分析表

sv	ss	df	ms	F_0	有意?
A	43.245	1	43.245	70.60	*
B	15.680	1	15.680	25.60	*
A×B	47.045	1	47.045	76.81	*
C	64.98	1	64.98	106.09	*
D	1.125	1	1.125	1.84	
e	1.225	2	0.613		

$S=173.30$

表 C.3　方法②の割付けとデータ

列番号	(1)	(2)	(3)	(4)	(5)	(6)	(7)	
要因	A	B	A×B	C	D			data
実験№	e	e	e	e	e	e	e	
1	1	1	1	1	1	1	1	76.8
2	1	1	1	2	2	2	2	72.9
3	1	2	2	1	1	2	2	70.2
4	1	2	2	2	2	1	1	64.2
5	2	1	2	1	2	1	2	68.4
6	2	1	2	2	1	2	1	62.3
7	2	2	1	1	2	2	1	68.4
8	2	2	1	2	1	1	2	64

表 C.4　方法②の分散分析表

sv	ss	df	ms	F_0	有意?
A	55.125	1	55.125	30.21	
B	23.120	1	23.120	12.67	
A×B	36.125	1	36.125	19.79	
C	52.020	1	52.020	28.50	
D	0.045	1	0.045	0.025	
e	1.825	1	1.825		

$S=168.26$

　自由度は 7 である．要因の自由度は合計 5 なので，誤差の自由度は 7 − 5 = 2 であり，(6)，(7)列の誤差列 2 列に対応している．**表 C.2** の分散分析表では，D の主効果を除く他の要因が有意となった．

　②　欠測値の代わりに全データの平均値 68.4 を用い，直交計画として解析

　表 C.3 の No.7 のデータ 68.4 は，①の 70.8 と異なり，実際に実験して得たデータではなく，実データ 7 個の平均値である．よって，データ数は 7 個のままであり，全自由度は 6 である．誤差列は 2 列あるが，要因の自由度は合計 5 なので，**表 C.4** の分散分析表において，**誤差の自由度は 6−5＝1 としなければばらない**．誤差の自由度を 2 のままとすると，68.4 のデータを捏造したことになってしまうので，2 としないよう気をつけよう．

　表 C.4 の分散分析表において，平方和は**表 C.2** のそれと大きな差はないが，誤差の自由度が 1 となったため，各要因とも有意にはなっていない．

③　欠測値を x と置いて，誤差が最小となるように x を決め，あたかも直交計画であるかのように解析

誤差列である 2 列，すなわち，(6), (7)列の平方和を求め，その和を誤差平方和 S_e とする．S_e は x の 2 次式となるから，式(C.1)のように完全平方の形にできる．

$$S_{(6)}=[(76.8+64.2+68.4+64)-(72.9+70.2+62.3+x)]^2/8=(68-x)^2/8$$
$$S_{(7)}=[(76.8+64.2+62.3+x)-(72.9+70.2+68.4+64)]^2/8=(x-72.2)^2/8$$
$$S_e=S_{(6)}+S_{(7)}=(68-x)^2/8+(x-72.2)^2/8=(x-70.1)^2/4+1.1025$$

$$(C.1)$$

式(C.1)の最後の式から，$x=70.1$ のとき S_e は最小値をとり，そのときの値は 1.1025 である．よって，**表 C.5** のように No.7 の欠測値を 70.1 とおく．**表C.6 の分散分析表においても，②と同様，データ数は 7 個であるから誤差の自由度は 1 である**．平方和は表 C.2 と大きな差はないが，誤差の自由度が 1 となったため，各要因とも有意にはなっていない．

④　非直交計画として，線形推定検定論により解析

この場合，前述の①のように，No.7 のデータ 70.8 を実験して得たわけでもなく，前述の②，③のように欠測値を既存の 7 個のデータから推定して用いたわけでもない(**表 C.7**)．データは 7 個しかないので，全自由度は 6 である．誤差列は 2 列あるが，要因の自由度は合計 5 なので，**表 C.8** の分散分析表における誤差の自由度は 6 − 5 = 1 である．平方和は表 C.2 と大きな差はないが，

表 C.5　方法③の割付けとデータ

列番号	(1)	(2)	(3)	(4)	(5)	(6)	(7)	
要因	A	B	$A \times B$	C	D			*data*
実験№	e	e	e	e	e	e	e	
1	1	1	1	1	1	1	1	76.8
2	1	1	1	2	2	2	2	72.9
3	1	2	2	1	1	2	2	70.2
4	1	2	2	2	2	1	1	64.2
5	2	1	2	1	2	1	2	68.4
6	2	1	2	2	1	2	1	62.3
7	2	2	1	1	2	2	1	70.1
8	2	2	1	2	1	1	2	64

表 C.6　方法③の分散分析表

sv	*ss*	*df*	*ms*	*F0*	有意?
A	46.5613	1	46.56	42.23	
B	17.701	1	17.701	16.06	
$A \times B$	43.711	1	43.711	39.65	
C	61.051	1	61.051	55.38	
D	0.66125	1	0.661	0.60	
e	1.1025	1	1.1025		

$S=170.79$

表 C.7　方法④の割付けとデータ

列番号	(1)	(2)	(3)	(4)	(5)	(6)	(7)	
要因	A	B	$A \times B$	C	D			data
実験№	e	e	e	e	e	e	e	
1	1	1	1	1	1	1	1	76.8
2	1	1	1	2	2	2	2	72.9
3	1	2	2	1	1	2	2	70.2
4	1	2	2	2	2	1	1	64.2
5	2	1	2	1	2	1	2	68.4
6	2	1	2	2	1	2	1	62.3
8	2	2	1	1	1	1	2	64

表 C.8　方法④の分散分析表

sv	ss	df	ms	F_0	有意?
A	61.120	1	61.120	55.44	
B	30.827	1	30.827	27.96	
$A \times B$	29.141	1	29.141	26.43	
C	40.701	1	40.701	36.92	
D	0.441	1	0.441	0.40	
e	1.1025	1	1.1025		

$S = 168.26$

誤差の自由度が1となったため，各要因は有意にはなっていない．表 C.8 は，数理統計的に厳密な分散分析表である．もう1つ欠測値が増え，誤差の自由度が0になると，当然ながら分散分析はできない．

　線形推定検定論では，表 C.9 のデザイン行列 X，その転置行列 X^T（省略），表 C.10 の情報行列 $X^T X$，そして，表 C.11 の情報行列の逆行列 $(X^T X)^{-1}$ を順次つくっていき，$\hat{\theta} = (X^T X)^{-1} X^T y$ により，各母数 $\theta^T = [\mu,\ a,\ b,\ c,\ d,\ (ab)]$ の推定値は，欠測値を用いず，実データ7個だけを用いて求めることができる．ここで，$y^T = (y_1,\ y_2,\ \cdots,\ y_n)$ はデータベクトルである[3]．なお，「転置行列」，「行列・ベクトルの積」，「逆行列」は 6.3 節に示した行列関数ⓒ，ⓓ，ⓔで，それぞれ，計算できる．詳細は参考文献[3]，[4]を参照されたい．

　表 C.11 での $\hat{\mu} = 68.6125 \sim \widehat{(ab)} = 2.3375$ を用いて，No.7 の条件 $A_2 B_2 C_1 D_2$ を推定すると，$68.615 - 2.4125 - 1.4875 + 2.7625 + 0.2875 + 2.3375 = 70.1$ であり，また，誤差平方和 S_e も 1.1025 で，両者とも，③と同じである．しかし，70.1 をデータとみなして，あたかも直交計画であるかのように解析した③と，70.1 というデータを用いずに，非直交計画として解析した④では，各要因の平方和は一般に一致しないことに注意する．なお，表の一番右の（　）内の数値

---

3) デザイン行列 X としては，表 C.7 の(1)～(5)列の水準記号(1,2)のままとしてもよいが，見通しをよくするため，ここでは表 C.9 のように，水準記号を(1, −1)としたデザイン行列 X を用いている．X の行と列を入れ替えた行列を転置行列と呼び，これを X^T と書く．X^T と X とをかけたものを情報行列 $X^T X$ と呼ぶ．そして，情報行列 $X^T X$ の逆行列を $(X^T X)^{-1}$ と書き，母数ベクトルを $\theta^T = [\mu,\ a,\ b,\ c,\ d,\ (ab)]$，データベクトルを $y^T = (y_1,\ y_2,\ \cdots,\ y_n)$ と置くと，各母数の推定値は $\hat{\theta} = (X^T X)^{-1} X^T y$ により求めることができる．

表C.9　デザイン行列 X

μ	a	b	c	d	(ab)	data
1	1	1	1	1	1	76.8
1	1	1	−1	−1	1	72.9
1	1	−1	−1	1	−1	70.2
1	−1	−1	−1	−1	−1	64.2
1	−1	1	1	−1	−1	68.4
1	−1	−1	1	−1	−1	62.3
1	−1	−1	−1	1	1	64

表C.10　情報行列 $X^{\mathrm{T}}X$

μ	a	b	c	d	(ab)	$X^{\mathrm{T}}y$
7	1	1	−1	1	−1	478.8
1	7	−1	1	−1	1	89.4
1	−1	7	1	−1	1	82
−1	1	1	7	1	−1	−48
1	−1	−1	1	7	1	67.8
−1	1	1	−1	1	7	−51.4

表C.11　情報行列の逆行列 $(X^{\mathrm{T}}X)^{-1}$ と各母数の推定値

$S = 168.26$　　　$S_e = 1.1025$

μ	a	b	c	d	(ab)
3/16	−1/16	−1/16	1/16	−1/16	1/16
−1/16	3/16	1/16	−1/16	1/16	−1/16
−1/16	1/16	3/16	−1/16	1/16	−1/16
1/16	−1/16	−1/16	3/16	−1/16	1/16
−1/16	1/16	1/16	−1/16	3/16	−1/16
1/16	−1/16	−1/16	1/16	−1/16	3/16

$$\hat{\theta} = \left(X^{\mathrm{T}}X\right)^{-1} X^{\mathrm{T}}y$$

$\hat{\mu} = 68.6125$　(68.7)
$\hat{a} = 2.4125$　(2.325)
$\hat{b} = 1.4875$　(1.4)
$\hat{c} = 2.7625$　(2.85)
$\hat{d} = -0.2875$　(−0.375)
$\widehat{(ab)} = 2.3375$ (2.425)

は①の方法による要因効果で，④の方法とほぼ同じである．

　また，④の表 C.8 では，各要因の平方和の和 166.33 は，総平方和 $S=168.26$ と一般に一致しないことに注意しよう．①，②，③の表 C.2，表 C.4，表 C.6 では，各要因の平方和の和は，総平方和 S と一致している．

［実務に活かせる智慧と工夫］ 意図的な欠測値

　通常，要因配置実験や直交表実験では，直交性を重視しているので，実施したい実験もそうでない実験もすべて実施する．しかし，以下のような場合，意図的に実験を省略したいこともあり，それによって生じる欠測値への対応を要する[18]．

①　過去のデータがあり，実施しなくとも結果がよくないと予測できる
　　場合

②　たとえ結果がよくても，経済的，法的な制約や，操業現場からの要
　　求などにより採用できない場合

③　因子 A が装置，因子 B, C が方法であるとき，例えば，A_1水準の装置では B_1C_1水準の方法がとれないなど，条件自体が物理的に実現不可能な場合

④　化学実験などで，実際に実施しても反応しないことがわかっている場合

⑤　異常な反応，連鎖反応などが生じて，安全面から実施が不適切な場合

付　　表

付 表 1~4 は SAS (SAS Institute Inc., "SAS BASE Users Guide" release6.03 edition, SAS Institute Inc., Cary, NC, 1988) の関数を用いて求めた.

付録5, 6 は，田口玄一，小西省三：『直交表による実験のわりつけ方』，日科技連出版社，1959 年より転載した.

付表 1　正規分布表

$u(P)$ から上側確率 P を求める表

$u(P)$	0	1	2	3	4	5	6	7	8	9
0.0	0.5000	0.4960	0.4920	0.4880	0.4840	0.4801	0.4761	0.4721	0.4681	0.4641
0.1	0.4602	0.4562	0.4522	0.4483	0.4443	0.4404	0.4364	0.4325	0.4286	0.4247
0.2	0.4207	0.4168	0.4129	0.4090	0.4052	0.4013	0.3974	0.3936	0.3897	0.3859
0.3	0.3821	0.3783	0.3745	0.3707	0.3669	0.3632	0.3594	0.3557	0.3520	0.3487
0.4	0.3446	0.3409	0.3372	0.3336	0.3300	0.3264	0.3228	0.3192	0.3156	0.3121
0.5	0.3085	0.3050	0.3015	0.2981	0.2946	0.2912	0.2877	0.2843	0.2810	0.2776
0.6	0.2743	0.2709	0.2676	0.2643	0.2611	0.2578	0.2545	0.2514	0.2483	0.2451
0.7	0.2420	0.2389	0.2359	0.2327	0.2296	0.2266	0.2236	0.2206	0.2177	0.2148
0.8	0.2119	0.2090	0.2061	0.2033	0.2005	0.1977	0.1949	0.1922	0.1894	0.1857
0.9	0.1841	0.1814	0.1788	0.1762	0.1736	0.1711	0.1685	0.1660	0.1635	0.1611
1.0	0.1587	0.1562	0.1539	0.1515	0.1492	0.1469	0.1446	0.1423	0.1401	0.1379
1.1	0.1357	0.1335	0.1314	0.1292	0.1271	0.1251	0.1230	0.1210	0.1190	0.1170
1.2	0.1151	0.1131	0.1112	0.1093	0.1075	0.1056	0.1038	0.1020	0.1003	0.0985
1.3	0.0968	0.0951	0.0934	0.0918	0.0901	0.0885	0.0869	0.0853	0.0838	0.0823
1.4	0.0808	0.0793	0.0778	0.0764	0.0749	0.0735	0.0721	0.0708	0.0694	0.0681
1.5	0.0668	0.0655	0.0643	0.0630	0.0618	0.0606	0.0594	0.0582	0.0571	0.0559
1.6	0.0548	0.0537	0.0526	0.0516	0.0505	0.0495	0.0485	0.0457	0.0465	0.0455
1.7	0.0446	0.0436	0.0427	0.0418	0.0409	0.0401	0.0392	0.0384	0.0375	0.0367
1.8	0.0359	0.0351	0.0344	0.0336	0.0329	0.0322	0.0314	0.0307	0.0301	0.0294
1.9	0.0287	0.0281	0.0274	0.0268	0.0262	0.0256	0.0250	0.0244	0.0239	0.0233
2.0	0.0228	0.0222	0.0217	0.0212	0.0207	0.0202	0.0197	0.0192	0.0188	0.0183
2.1	0.0179	0.0174	0.0170	0.0165	0.0162	0.0158	0.0154	0.0150	0.0146	0.0143
2.2	0.0139	0.0136	0.0132	0.0129	0.0125	0.0122	0.0119	0.0116	0.0113	0.0110
2.3	0.0107	0.0104	0.0102	0.0099	0.0096	0.0094	0.0091	0.0089	0.0087	0.0084
2.4	0.0082	0.0080	0.0078	0.0075	0.0073	0.0071	0.0069	0.0068	0.0066	0.0064
2.5	0.0052	0.0060	0.0059	0.0057	0.0055	0.0054	0.0052	0.0051	0.0049	0.0048
2.6	0.0047	0.0045	0.0044	0.0043	0.0041	0.0040	0.0039	0.0038	0.0037	0.0036
2.7	0.0035	0.0034	0.0033	0.0032	0.0031	0.0030	0.0029	0.0028	0.0027	0.0026
2.8	0.0026	0.0025	0.0024	0.0023	0.0023	0.0022	0.0021	0.0021	0.0020	0.0019
2.9	0.0019	0.0018	0.0018	0.0017	0.0016	0.0016	0.0015	0.0015	0.0014	0.0014
3.0	0.0013	0.0013	0.0013	0.0012	0.0012	0.0011	0.0011	0.0011	0.0010	0.0010
3.1	0.0010	0.0009	0.0009	0.0009	0.0008	0.0008	0.0008	0.0008	0.0007	0.0007
3.2	0.0007	0.0007	0.0006	0.0006	0.0006	0.0006	0.0006	0.0005	0.0005	0.0005
3.3	0.0005	0.0005	0.0005	0.0004	0.0004	0.0004	0.0004	0.0004	0.0004	0.0003
3.4	0.0003	0.0003	0.0003	0.0003	0.0003	0.0003	0.0003	0.0003	0.0003	0.0002
3.5	0.0002	0.0002	0.0002	0.0002	0.0002	0.0002	0.0002	0.0002	0.0002	0.0002
3.6	0.0002	0.0002	0.0001	0.0001	0.0001	0.0001	0.0001	0.0001	0.0001	0.0001
3.7	0.0001	0.0001	0.0001	0.0001	0.0001	0.0001	0.0001	0.0001	0.0001	0.0001

付表 2　　*t* 分布表

自由度 ϕ と両側確率 P から $t(\phi,\ P)$ を求める表

ϕ ＼ P	0.5	0.4	0.3	0.2	0.1	0.05	0.02	0.01	0.001
1	1.000	1.376	1.963	3.078	6.314	12.706	31.821	63.657	636.619
2	0.816	1.061	1.386	1.886	2.920	4.303	6.995	9.925	31.599
3	0.765	0.978	1.250	1.638	2.353	3.182	4.541	5.841	12.924
4	0.741	0.941	1.190	1.533	2.132	2.776	3.747	4.604	8.610
5	0.727	0.920	1.156	1.476	2.015	2.571	3.365	4.032	6.869
6	0.718	0.906	1.134	1.440	1.943	2.447	3.143	3.707	5.859
7	0.711	0.896	1.119	1.415	1.895	2.365	2.998	3.499	5.408
8	0.706	0.889	1.108	1.397	1.860	2.306	2.896	3.355	5.041
9	0.703	0.883	1.100	1.383	1.833	2.252	2.821	3.240	4.781
10	0.700	0.879	1.093	1.372	1.812	2.228	2.764	3.169	4.587
11	0.697	0.876	1.088	1.363	1.796	2.201	2.718	3.106	4.437
12	0.695	0.873	1.083	1.356	1.782	2.179	2.681	3.055	4.318
13	0.694	0.870	1.079	1.350	1.771	2.160	2.650	3.012	4.221
14	0.692	0.868	1.076	1.345	1.761	2.145	2.624	2.977	4.140
15	0.691	0.866	1.074	1.341	1.753	2.131	2.602	2.947	4.073
16	0.690	0.865	1.071	1.337	1.746	2.120	2.583	2.921	4.015
17	0.689	0.863	1.069	1.333	1.740	2.110	2.567	2.898	3.965
18	0.688	0.862	1.067	1.330	1.734	2.101	2.552	2.878	3.922
19	0.688	0.861	1.066	1.328	1.729	2.093	2.539	2.861	3.883
20	0.687	0.860	1.064	1.325	1.725	2.086	2.528	2.845	3.850
21	0.686	0.859	1.063	1.323	1.721	2.080	2.518	2.831	3.819
22	0.686	0.858	1.061	1.321	1.717	2.074	2.508	2.819	3.792
23	0.685	0.858	1.060	1.319	1.714	2.069	2.500	2.807	3.768
24	0.685	0.857	1.059	1.318	1.711	2.064	2.492	2.797	3.745
25	0.684	0.856	1.058	1.316	1.708	2.060	2.485	2.787	3.725
26	0.684	0.856	1.058	1.315	1.706	2.056	2.479	2.779	3.707
27	0.684	0.855	1.057	1.314	1.703	2.052	2.473	2.771	3.690
28	0.683	0.855	1.056	1.313	1.701	2.048	2.467	2.763	3.674
29	0.683	0.854	1.055	1.311	1.699	2.045	2.462	2.756	3.659
30	0.683	0.854	1.055	1.310	1.697	2.042	2.457	2.750	3.646
31	0.682	0.853	1.054	1.309	1.696	2.040	2.453	2.744	3.633
32	0.682	0.853	1.054	1.309	1.694	2.037	2.449	2.738	3.622
33	0.682	0.853	1.053	1.308	1.692	2.035	2.445	2.733	3.611
34	0.682	0.852	1.052	1.037	1.691	2.032	2.441	2.728	3.601
35	0.682	0.852	1.052	1.306	1.690	2.030	2.438	2.724	3.591
36	0.681	0.852	1.052	1.306	1.688	2.028	2.434	2.719	3.582
37	0.681	0.851	1.051	1.305	1.687	2.026	2.431	2.715	3.574
38	0.681	0.851	1.051	1.304	1.686	2.024	2.429	2.712	3.566
39	0.681	0.851	1.050	1.304	1.685	2.023	2.426	2.708	3.558
40	0.681	0.851	1.050	1.303	1.685	2.021	2.423	2.704	3.551
41	0.681	0.850	1.050	1.303	1.684	2.020	2.421	2.701	3.544
42	0.680	0.850	1.049	1.302	1.683	2.018	2.418	2.698	3.538
43	0.680	0.850	1.049	1.302	1.682	2.017	2.416	2.695	3.532
44	0.680	0.850	1.049	1.301	1.681	2.015	2.414	2.692	3.526
45	0.680	0.850	1.049	1.301	1.680	2.014	2.412	2.690	3.520
46	0.680	0.850	1.048	1.300	1.679	2.013	2.410	2.687	3.515
48	0.680	0.849	1.048	1.299	1.677	2.011	2.407	2.682	3.505
50	0.679	0.849	1.047	1.299	1.676	2.009	2.403	2.678	3.496
60	0.679	0.848	1.045	1.296	1.671	2.000	2.390	2.660	3.460
80	0.678	0.846	1.043	1.292	1.664	1.990	2.374	2.639	3.416
120	0.677	0.845	0.141	1.289	1.658	1.980	2.358	2.617	3.373
240	0.676	0.843	0.139	1.285	1.651	1.970	2.342	2.596	3.332
∞	0.674	0.842	1.036	1.282	1.645	1.960	2.326	2.576	3.291

付表 3　χ^2分布表

自由度 ϕ と上側確率 P から $\chi^2(\phi, P)$ を求める表

ϕ ＼ P	0.99	0.975	0.95	0.75	0.5	0.25	0.1	0.05	0.25	0.1	0.005
1	0.0002	0.001	0.004	0.102	0.455	1.323	2.706	3.841	5.204	6.635	7.879
2	0.020	0.051	0.103	0.575	1.386	2.773	4.605	5.991	7.378	9.210	10.597
3	0.115	0.216	0.352	1.213	2.366	4.108	6.251	7.815	9.348	11.345	12.838
4	0.297	0.484	0.711	1.923	3.357	5.385	7.779	9.488	11.143	13.277	14.860
5	0.554	0.831	1.145	2.675	4.351	6.626	9.236	11.070	12.833	15.086	16.750
6	0.872	1.237	1.635	3.455	5.348	7.841	10.645	12.592	14.449	16.812	18.548
7	1.239	1.690	2.167	4.255	6.346	9.037	12.017	14.067	16.013	18.475	20.278
8	1.646	2.180	2.733	5.071	7.344	10.219	13.362	15.507	17.535	20.090	21.955
9	2.088	2.700	3.325	5.899	8.383	11.380	14.684	16.919	19.023	21.688	23.589
10	2.558	3.247	3.940	6.737	9.342	12.549	15.987	18.307	20.483	23.209	25.188
11	3.053	3.816	4.575	7.584	10.341	13.701	17.275	19.675	21.920	24.725	26.757
12	3.571	4.404	5.226	8.438	11.340	14.845	18.549	21.026	23.337	26.217	28.300
13	4.107	5.009	5.892	9.299	12.340	15.984	19.812	22.362	24.736	27.688	29.819
14	4.660	5.629	6.571	10.165	13.339	17.117	21.064	23.685	26.119	29.141	31.319
15	5.229	6.262	7.261	11.037	14.339	18.245	22.307	24.996	27.488	30.578	32.801
16	5.812	6.908	7.962	11.912	15.338	19.369	23.542	26.296	28.845	32.000	34.267
17	6.408	7.564	8.672	12.792	16.338	20.489	24.769	27.587	30.191	33.409	35.718
18	7.015	8.231	9.390	13.675	17.338	21.605	25.989	28.869	31.526	34.805	37.156
19	7.633	8.907	10.117	14.562	18.338	22.718	27.204	30.144	32.852	36.191	38.582
20	8.260	9.591	10.851	15.452	19.337	23.828	28.412	31.410	34.170	37.566	39.997
21	8.897	10.283	11.591	16.344	20.337	24.935	29.615	32.671	35.479	38.932	41.401
22	9.542	10.982	12.338	17.240	21.337	26.039	30.813	33.924	36.781	40.289	42.796
23	10.196	11.689	13.091	18.137	22.337	27.141	32.007	35.172	38.076	41.638	44.181
24	10.856	12.401	13.848	19.037	23.337	28.241	33.196	36.415	39.364	42.980	45.559
25	11.524	13.120	14.611	19.939	24.337	29.339	34.382	37.652	40.646	44.314	46.928
26	12.198	13.844	15.379	20.843	25.336	30.435	35.563	38.885	41.923	45.642	48.290
27	12.879	14.573	16.151	21.749	26.336	31.528	36.741	40.113	43.195	46.963	49.645
28	13.565	15.308	15.928	22.657	27.336	32.620	37.916	41.337	44.451	48.278	50.993
29	14.256	16.047	17.708	23.567	28.336	33.711	39.087	42.557	45.722	49.588	52.336
30	14.953	16.791	18.493	24.478	29.336	34.800	40.256	43.773	46.979	50.892	53.672
31	15.655	17.539	19.281	25.390	30.336	35.887	41.422	44.985	48.232	52.191	55.003
32	16.362	18.291	20.072	26.304	31.336	36.973	42.585	46.195	49.480	53.485	56.328
33	17.074	19.047	20.867	27.219	32.336	38.058	43.745	47.400	50.725	54.775	57.648
34	17.789	19.806	21.664	28.136	33.336	39.141	44.903	48.602	51.956	56.061	58.964
35	18.509	20.569	22.465	29.054	34.336	40.223	46.059	49.802	53.203	57.342	60.275
36	19.233	21.336	23.269	29.973	35.336	41.304	47.212	50.998	54.437	58.619	61.581
37	19.960	22.106	24.075	30.893	36.336	42.383	48.363	52.192	55.668	59.893	62.883
38	20.691	22.878	24.884	31.815	37.335	43.452	49.513	53.384	56.896	61.162	64.181
39	21.426	23.654	25.695	32.737	38.335	44.539	50.660	54.572	58.120	62.428	65.476
40	22.164	24.433	26.509	33.660	39.335	45.616	51.805	55.758	59.342	63.691	66.766
41	22.906	25.215	27.326	34.585	40.335	46.692	52.949	56.942	60.561	64.950	68.053
42	23.650	25.999	28.144	35.510	41.335	47.766	54.090	58.124	61.777	66.206	69.336
43	24.398	26.785	28.965	36.436	42.335	48.840	55.230	59.304	62.990	67.459	70.616
44	25.148	27.575	29.787	37.363	43.335	49.913	56.369	60.481	64.201	68.710	71.893
45	25.901	28.366	30.612	38.291	44.335	50.985	57.505	61.656	65.410	69.957	73.166
46	26.657	29.160	31.439	39.220	45.335	52.056	58.641	62.830	66.617	71.201	74.437
48	28.177	30.755	33.098	41.079	47.335	54.196	60.907	65.171	69.023	73.683	76.969
50	29.707	32.357	34.764	42.942	49.335	56.334	63.167	67.505	71.420	76.154	79.490
60	37.485	40.482	43.188	52.294	59.335	66.981	74.397	79.082	83.298	88.379	91.952
80	53.540	57.153	60.391	71.145	79.334	88.130	96.578	101.879	106.629	112.329	116.321
120	86.923	91.573	95.705	109.220	119.334	130.055	140.233	146.567	152.211	158.950	163.648
240	191.990	198.984	205.135	224.882	239.334	254.392	268.471	277.138	284.802	293.888	300.182

付表 4　　F 分布表 $(P=0.05)$

自由度 ϕ_1, ϕ_2 と上側確率 5% から $F(\phi_1,\ \phi_2)$ を求める表

$\phi_2 \backslash \phi_1$	1	2	3	4	5	6	7	8
1	161.45	199.50	215.71	224.58	230.16	233.99	236.77	238.88
2	18.513	19.000	19.164	19.247	19.296	19.330	19.353	19.371
3	10.128	9.552	9.277	9.117	9.103	8.941	8.887	8.845
4	7.709	6.994	6.591	6.338	6.256	6.163	6.094	6.041
5	6.608	5.786	5.409	5.192	5.050	4.950	4.876	4.818
6	5.987	5.143	4.757	4.534	4.387	4.284	4.207	4.147
7	5.591	4.737	4.347	4.120	3.972	3.866	3.787	3.726
8	5.318	4.459	4.066	3.838	3.687	3.581	3.500	3.438
9	5.117	4.256	3.863	3.633	3.482	3.374	3.293	3.230
10	4.955	4.103	3.708	3.478	3.326	3.217	3.135	3.072
11	4.844	3.982	3.587	3.357	3.204	3.095	3.012	2.948
12	4.747	3.885	3.490	3.259	3.106	2.996	2.913	2.849
13	4.667	3.806	3.411	3.179	3.025	2.915	2.832	2.767
14	4.600	3.739	3.344	3.112	2.958	2.848	2.764	2.699
15	4.543	3.682	3.287	3.056	2.901	2.790	2.707	2.641
16	4.494	3.634	3.239	3.007	2.852	2.741	2.657	2.591
17	4.451	3.592	3.197	2.965	2.810	2.699	2.614	2.548
18	4.414	3.555	3.160	2.928	2.773	2.661	2.577	2.510
19	4.381	3.522	3.127	2.895	2.740	2.628	2.544	2.477
20	4.351	3.493	3.098	2.866	2.711	2.599	2.514	2.447
21	4.325	3.467	3.072	2.840	2.685	2.573	2.488	2.420
22	4.301	3.443	3.049	2.817	2.661	2.549	2.464	2.397
23	4.279	3.422	3.028	2.796	2.400	2.528	2.442	2.375
24	4.260	3.403	3.009	2.776	2.621	2.508	2.423	2.355
25	4.242	3.385	2.991	2.759	2.603	2.490	2.405	2.337
26	4.225	3.369	2.975	2.743	2.587	2.474	2.388	2.321
27	4.210	3.354	2.960	2.728	2.572	2.459	2.373	2.305
28	4.196	3.340	2.947	2.714	2.558	2.445	2.359	2.291
29	4.183	3.328	2.934	2.701	2.545	2.432	2.346	2.278
30	4.171	3.316	2.922	2.690	2.534	2.421	2.334	2.266
31	4.160	3.305	2.911	2.679	2.523	2.409	2.323	2.255
32	4.149	3.295	2.901	2.668	2.512	2.399	2.313	2.244
33	4.139	3.285	2.892	2.659	2.503	2.389	2.303	2.235
34	4.130	3.276	2.883	2.650	2.494	2.380	2.294	2.225
35	4.121	3.267	2.874	2.641	2.485	2.372	2.285	2.217
36	4.113	3.259	2.866	2.634	2.477	2.364	2.277	2.209
37	4.105	3.252	2.859	2.626	2.470	2.356	2.270	2.201
38	4.098	3.245	2.852	2.619	2.463	2.349	2.262	2.194
39	4.091	3.238	2.845	2.612	2.456	2.342	2.255	2.187
40	4.085	3.232	2.839	2.606	2.449	2.336	2.249	2.180
41	4.079	3.226	2.833	2.600	2.443	2.330	2.243	2.174
42	4.073	3.220	2.827	2.594	2.438	2.324	2.237	2.168
43	4.067	3.214	2.822	2.589	2.432	2.318	2.232	2.163
44	4.062	3.209	2.816	2.584	2.427	2.313	2.226	2.157
45	4.057	3.204	2.812	2.579	2.422	2.308	2.221	2.152
46	4.052	3.200	2.807	2.574	2.417	2.304	2.216	2.147
48	4.043	3.191	2.798	2.565	2.409	2.295	2.200	2.138
50	4.034	3.183	2.790	2.557	2.400	2.286	2.199	2.130
60	4.001	3.150	2.758	2.525	2.368	2.254	2.167	2.097
80	3.960	3.111	2.719	2.486	2.329	2.214	2.126	2.056
120	3.920	3.072	2.680	2.447	2.290	2.175	2.087	2.016
240	3.880	3.033	2.642	2.409	2.252	2.136	2.048	1.977
∞	3.841	2.996	2.605	2.372	2.214	2.099	2.010	1.938

付表5　$L_{32}(2^{31})$直交表

No.＼列番	(1)	(2)	(3)	(4)	(5)	(6)	(7)	(8)	(9)	(10)	(11)	(12)	(13)	(14)	(15)	(16)	(17)	(18)	(19)	(20)	(21)	(22)	(23)	(24)	(25)	(26)	(27)	(28)	(29)	(30)	(31)
1	1	1	1	1	1	1	1	1	1	1	1	1	1	1	1	1	1	1	1	1	1	1	1	1	1	1	1	1	1	1	1
2	1	1	1	1	1	1	1	1	1	1	1	1	1	1	1	2	2	2	2	2	2	2	2	2	2	2	2	2	2	2	2
3	1	1	1	1	1	1	1	2	2	2	2	2	2	2	2	1	1	1	1	1	1	1	1	2	2	2	2	2	2	2	2
4	1	1	1	1	1	1	1	2	2	2	2	2	2	2	2	2	2	2	2	2	2	2	2	1	1	1	1	1	1	1	1
5	1	1	1	2	2	2	2	1	1	1	1	2	2	2	2	1	1	1	1	2	2	2	2	1	1	1	1	2	2	2	2
6	1	1	1	2	2	2	2	1	1	1	1	2	2	2	2	2	2	2	2	1	1	1	1	2	2	2	2	1	1	1	1
7	1	1	1	2	2	2	2	2	2	2	2	1	1	1	1	1	1	1	1	2	2	2	2	2	2	2	2	1	1	1	1
8	1	1	1	2	2	2	2	2	2	2	2	1	1	1	1	2	2	2	2	1	1	1	1	1	1	1	1	2	2	2	2
9	1	2	2	1	1	2	2	1	1	2	2	1	1	2	2	1	1	2	2	1	1	2	2	1	1	2	2	1	1	2	2
10	1	2	2	1	1	2	2	1	1	2	2	1	1	2	2	2	2	1	1	2	2	1	1	2	2	1	1	2	2	1	1
11	1	2	2	1	1	2	2	2	2	1	1	2	2	1	1	1	1	2	2	1	1	2	2	2	2	1	1	2	2	1	1
12	1	2	2	1	1	2	2	2	2	1	1	2	2	1	1	2	2	1	1	2	2	1	1	1	1	2	2	1	1	2	2
13	1	2	2	2	2	1	1	1	1	2	2	2	2	1	1	1	1	2	2	2	2	1	1	1	1	2	2	2	2	1	1
14	1	2	2	2	2	1	1	1	1	2	2	2	2	1	1	2	2	1	1	1	1	2	2	2	2	1	1	1	1	2	2
15	1	2	2	2	2	1	1	2	2	1	1	1	1	2	2	1	1	2	2	2	2	1	1	2	2	1	1	1	1	2	2
16	1	2	2	2	2	1	1	2	2	1	1	1	1	2	2	2	2	1	1	1	1	2	2	1	1	2	2	2	2	1	1
17	2	1	2	1	2	1	2	1	2	1	2	1	2	1	2	1	2	1	2	1	2	1	2	1	2	1	2	1	2	1	2
18	2	1	2	1	2	1	2	1	2	1	2	1	2	1	2	2	1	2	1	2	1	2	1	2	1	2	1	2	1	2	1
19	2	1	2	1	2	1	2	2	1	2	1	2	1	2	1	1	2	1	2	1	2	1	2	2	1	2	1	2	1	2	1
20	2	1	2	1	2	1	2	2	1	2	1	2	1	2	1	2	1	2	1	2	1	2	1	1	2	1	2	1	2	1	2
21	2	1	2	2	1	2	1	1	2	1	2	2	1	2	1	1	2	1	2	2	1	2	1	1	2	1	2	2	1	2	1
22	2	1	2	2	1	2	1	1	2	1	2	2	1	2	1	2	1	2	1	1	2	1	2	2	1	2	1	1	2	1	2
23	2	1	2	2	1	2	1	2	1	2	1	1	2	1	2	1	2	1	2	2	1	2	1	2	1	2	1	1	2	1	2
24	2	1	2	2	1	2	1	2	1	2	1	1	2	1	2	2	1	2	1	1	2	1	2	1	2	1	2	2	1	2	1
25	2	2	1	1	2	2	1	1	2	2	1	1	2	2	1	1	2	2	1	1	2	2	1	1	2	2	1	1	2	2	1
26	2	2	1	1	2	2	1	1	2	2	1	1	2	2	1	2	1	1	2	2	1	1	2	2	1	1	2	2	1	1	2
27	2	2	1	1	2	2	1	2	1	1	2	2	1	1	2	1	2	2	1	1	2	2	1	2	1	1	2	2	1	1	2
28	2	2	1	1	2	2	1	2	1	1	2	2	1	1	2	2	1	1	2	2	1	1	2	1	2	2	1	1	2	2	1
29	2	2	1	2	1	1	2	1	2	2	1	2	1	1	2	1	2	2	1	2	1	1	2	1	2	2	1	2	1	1	2
30	2	2	1	2	1	1	2	1	2	2	1	2	1	1	2	2	1	1	2	1	2	2	1	2	1	1	2	1	2	2	1
31	2	2	1	2	1	1	2	2	1	1	2	1	2	2	1	1	2	2	1	2	1	1	2	2	1	1	2	1	2	2	1
32	2	2	1	2	1	1	2	2	1	1	2	1	2	2	1	2	1	1	2	1	2	2	1	1	2	2	1	2	1	1	2
基本表示	a	b	a	c	a	b	a	d	a	b	a	c	a	b	a	e	a	b	a	c	a	b	a	d	a	b	a	c	a	b	a
			b		c	c	b		d	d	b	d	c	c	b		e	e	b	e	c	c	b	e	d	d	b	d	c	c	b
							c				d		d	d	c				e		e	e	c		e	e	d	e	d	d	c
															d								e				e		e	e	d
																															e
群	1群	2群		3群				4群								5群															

付表6　直交表の標準線点図

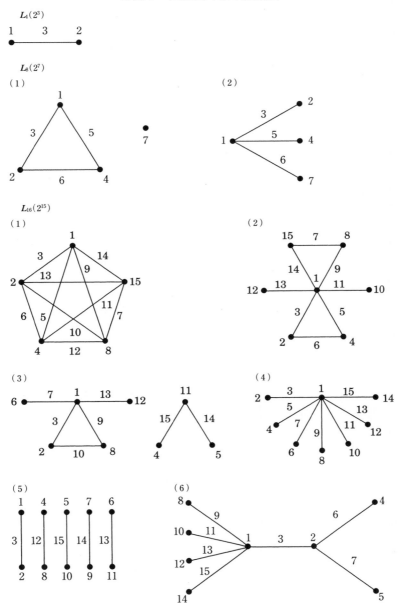

$L_{32}(2^{31})$

（1）

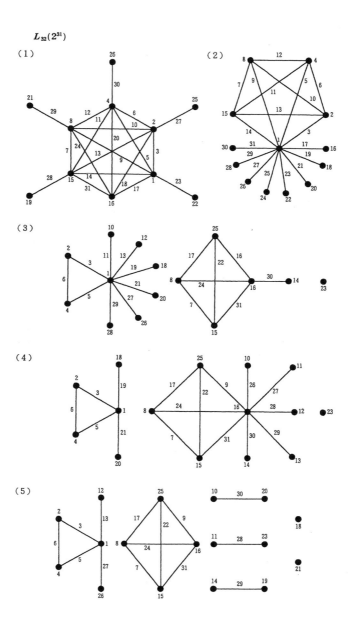

（2）

（3）

（4）

（5）

参 考 文 献

[1] R.A.フィッシャー著，渋谷政昭，竹内啓訳：『統計的方法と科学的推論』，岩波書店，1962 年

[2] R.A.フィッシャー著，遠藤健児，鍋谷清治訳：『研究者のための統計的方法』，森北出版，1979 年

[3] 楠正，辻谷将明，松本哲夫，和田武夫：『応用実験計画法』，日科技連出版社，1995 年

[4] 松本哲夫，植田敦子，小野寺孝義，榊秀之，西敏明，平野智也：『実務に使える実験計画法』，日科技連出版社，2012 年

[5] 松本哲夫監修，松本哲夫，稲葉太一，植田敦子，小野寺孝義，木村浩，榊秀之，佐藤稔康，夏木崇，西敏明，西田航平，花田憲三，平野智也，山吹佳典，山本道規著：『実験計画法 100 問 100 答』，日科技連出版社，2013 年

[6] 朝尾正，安藤貞一，楠正，中村恒夫，『最新実験計画法』，第 7 章，日科技連出版社，1973 年

[7] コックス著，後藤昌司，畠中駿逸，田崎武信共訳：『二値データの解析』，朝倉書店，1983 年

[8] R.A.フィッシャー著，遠藤健児，鍋谷清治訳：『実験計画法 POD 版』，森北出版，2013 年

[9] 近藤良夫，安藤貞一編：『統計的方法百問百答』，pp.197-198，日本科学技術連盟，1967 年

[10] 永田靖：『統計的方法のしくみ』，p.194，日科技連出版社，1996 年

[11] Daniel, C : "Use of half-normal plot in interpreting factorial two-level experiments", *Technometrics*, 1, 4, p.311, 1971

[12] 松本哲夫，平野智也：「3 水準直交表実験の図的分析」，『品質』，Vol.50，No.2，pp.66-73，2020 年

[13] 松本哲夫編著，今野勤著：『Excel による多変量解析』，日科技連出版社，2021 年

[14] Yates, F : "The design and analysis of factorial experiments", *Imperial Bureau of Soil Science*, Technical Communications, Harpenden, No.35, p.96, 1937

[15] 斎藤進六：「2^n 型直交計画の Yates の計算法の改良」，『品質管理』，日本科学技術連盟，Vol.12，No.6，p.426，1961 年

[16]　斎藤進六，「改良した Yates の方法の 3^n 型要因実験への拡張-1-」，『品質管理』，
日本科学技術連盟，Vol.12，No.7，p.540，1961 年

[17]　花田憲三：『実務にすぐ役立つ実践的実験計画法』，日科技連出版社，2004 年

[18]　松本哲夫：「意図的な欠測値を伴う直交表実験の一部省略計画」，『品質』，日
本品質管理学会，Vol.46，No.3，pp.62-71，2016 年

索　引

●編著者紹介

松本　哲夫（まつもと　てつお）
［経歴］
1973 年　大阪大学基礎工学部化学工学科卒業
1975 年　大阪大学大学院基礎工学研究科化学系修士課程修了
1975 年　ユニチカ株式会社入社
1986 年　技術士（経営工学部門）
1996 年〜　フィルム製造部長，工業フィルム営業部長，樹脂生産開発部長
2007 年〜　技術開発企画室長，執行役員中央研究所長，執行役員技術開発本部長
2013 年〜　顧問（現職）
　　　　　一般財団法人日本科学技術連盟　講師
　　　　　株式会社日本人財研究所　講師
［受賞歴］
2011 年　文部科学大臣表彰　科学技術賞開発部門
2012 年　公益社団法人高分子学会　フェロー表彰
2015 年　一般社団法人日本品質管理学会　品質管理推進功労賞
2020 年　一般社団法人日本品質管理学会　品質技術賞　他
［著作］
『応用実験計画法』（日科技連出版社，共著，1995 年），『実用実験計画法』（共立出版，共著，2005 年），『実務に使える実験計画法』（日科技連出版社，共著，2012 年），『実験計画法 100 問 100 答』（日科技連出版社，共著，2013 年），『Excel による多変量解析』（日科技連出版社，共著，2021 年）　他

●著者紹介

植田　敦子（うえだ　あつこ）
［経歴］
1985 年　名古屋大学理学部化学科卒業
1985 年　ユニチカ株式会社入社
2014 年　フィルム事業部　フィルムカスタマーソリューション部長
2022 年〜　執行役員，中央研究所長
　　　　　一般財団法人日本科学技術連盟　講師
［著作］
『実務に使える実験計画法』（日科技連出版社，共著，2012 年），『実験計画法 100 問 100 答』（日科技連出版社，共著，2013 年）

平野　智也（ひらの　ともや）

［経歴］

1997 年　名城大学理工学部機械工学科卒業

1999 年　名城大学大学院理工学研究科機械工学専攻修士課程修了

1999 年　ダイキン工業株式会社入社

2014 年　特機事業部　環境医療機器部　商品戦略担当課長

2022 年〜　特機事業部長

［著作］

『実務に使える実験計画法』（日科技連出版社，共著，2012 年），『実験計画法 100 問 100 答』（日科技連出版社，共著，2013 年）　他

山来　寧志（やまらい　やすし）

［経歴］

1996 年　大阪電気通信大学工学部経営工学科卒業

1998 年　大阪電気通信大学大学院工学研究科修士課程修了

1998 年　大阪電気通信大学研究員

2004 年〜　大阪電気通信大学　講師

　　　　　　一般財団法人日本科学技術連盟　講師

　　　　　　一般財団法人日本規格協会　講師

［著作］

『フリーソフトウェア R による統計的品質管理入門』（日科技連出版社，共著，2005 年），『新 QC 七つ道具活用術』（日科技連出版社，共著，2015 年），『品質管理に役立つ統計的手法入門』（日科技連出版社，共著，2021 年）

Excel による実験計画法
すぐに実務に活かせる智慧と工夫

2022 年 12 月 28 日　第 1 刷発行

編著者	松	本	哲	夫
著　者	植	田	敦	子
	平	野	智	也
	山	来	寧	志
発行人	戸	羽	節	文

検印
省略

発行所　株式会社　日科技連出版社
〒151-0051　東京都渋谷区千駄ヶ谷5-15-5
DS ビル

電話　出版　03-5379-1244
　　　営業　03-5379-1238

Printed in Japan

印刷・製本　港北メディアサービス

© *Tetsuo Matsumoto, et al. 2022*
ISBN 978-4-8171-9767-2
URL https://www.juse-p.co.jp/